Hans Joachim Hoffstadt: **Abwicklung von Bauvorhaben**

Abwicklung von Bauvorhaben

Zeitlicher und organisatorischer Ablauf eines Bauvorhabens
von den Grundstücksfragen bis zur Abrechnung

**6., vollständig überarbeitete Auflage
mit 68 Abbildungen**

bearbeitet von:

Dipl.-Ing. Hans Joachim Hoffstadt
Architekt
Bauingenieur
Dozent an der Rheinischen Akademie Köln

begründet von:

Dr.-Ing. Bernd Koppe
Architekt

 Rudolf Müller

Die Deutsche Bibliothek – CIP-Einheitsaufnahme

Hoffstadt, Hans Joachim:
Abwicklung von Bauvorhaben :
Zeitlicher und organisatorischer Ablauf eines Bauvorhabens
von den Grundstücksfragen bis zur Abrechnung /
begr. von: Bernd Koppe.
6., vollst. überarb. Aufl. –
Köln : Müller, 2002
ISBN 3-481-01839-8

Auszüge aus Normen sind wiedergegeben mit Erlaubnis
des DIN Deutsches Institut für Normung e.V.
Maßgebend für das Anwenden der Norm ist deren Fassung
mit dem neuesten Ausgabedatum, die bei der
Beuth Verlag GmbH, Burggrafenstraße 6, 10787 Berlin,
erhältlich ist.

© Verlagsgesellschaft Rudolf Müller GmbH & Co. KG, Köln 2002
Umschlaggestaltung: KOMBO Medien Design R. Geyer, Siegburg
Satz: Satzstudio Widdig GmbH, Köln
Druck: MediaPrint GmbH, Paderborn
Das vorliegende Werk wurde auf umweltfreundlichem Papier
aus chlorfrei gebleichtem Zellstoff gedruckt.

ISBN 3-481-01839-8

Vorwort zur 6. Auflage

Das Gelingen eines Bauvorhabens ist im Wesentlichen abhängig von der Auswahl des Grundstückes, auf dem das Objekt erstellt werden soll, von den Ideen, nach dem der Entwurf konzipiert wurde, von den Personen, die das Objekt abwickeln, sowie vom Kosten-, Termin- und Qualitätsrahmen, die der Bauherr vorgibt.

Hierzu bietet das vorliegende Buch allen, die am Bau beteiligt sind, insbesondere auch Berufsanfängern, wie Schülern der Berufsfachschulen, Technikerschulen und Meisterschulen und den Bauherren eine Übersicht über die zeitliche und organisatorische Abwicklung eines Bauvorhabens.

Die Abwicklung wird in der Chronologie des Bauablaufes dargestellt:

– Grundstück
– Vorplanung
– Entwurfsplanung
– Genehmigungsplanung
– Ausführungsplanung
– Leistungsbeschreibung
– Bauvertrag
– Ausführung
– Gewährleistung

und durch praxisgerechte Checklisten ergänzt.

Die Pflichten und Leistungsanforderungen der am Bau beteiligten Personen werden in den einzelnen Phasen dargestellt, in denen sie in der Regel an einem Objekt beteiligt sind.

Das Werk wurde für die 6. Auflage komplett überarbeitet und aktualisiert. Es entspricht dem aktuellen Stand der HOAI, der VOB, der Landesbauordnung NRW und den Sachverständigen-Verordnungen sowie den realen Kosten und Finanzierungskonditionen.

Für die Mitarbeit an diesem Buch gilt mein besonderer Dank Herrn Andreas Kümmel und Herrn Michael Dittrich. Außerdem danke ich den Eheleuten Hornschuh, Eigentümer des im Buch dargestellten Bauvorhabens, für ihre wertvolle Unterstützung.

Overath, im Juli 2002   *Hans Joachim Hoffstadt*

Inhalt

1 Allgemeine Grundlagen und Begriffsdefinitionen

Am Beginn einer jeden Baumaßnahme steht der Erwerb eines entsprechenden Grundstückes durch den Bauherrn.

Bevor der Bauherr ein Grundstück erwirbt, ist der Grundstückswert zu ermitteln und die Bebaubarkeit zu prüfen. Für diese Prüfung gewährt der Verkäufer dem Käufer häufig ein Vorkaufsrecht (Option). Sollten sich bei dieser Prüfung Abweichungen von der vorher angenommenen Bebaubarkeit herausstellen, so werden die Konditionen zwischen den Vertragsparteien neu vereinbart.

1.1 Grundstück

Die Beschaffung eines geeigneten Grundstückes kann erfolgen:

– über den freien Markt (z.B. Zeitungsannoncen)
– durch Immobilienmakler (Die Maklergebühr für Grundstücksvermittlung beträgt 3 bis 5 % des Kaufpreises, ist aber nicht vorgeschrieben.)
– über Städte und Kommunen (z.B. Einsicht in Bebauungspläne).

1.1.1 Grundstücksklassifizierungen

Entsprechend der zu erwartenden Bebaubarkeit werden Grundstücke klassifiziert in:

– **Land- und Forstwirtschaftsflächen**
  Flächen, die in absehbarer Zeit nur landwirtschaftlich und forstwirtschaftlich genutzt werden

– **Bauerwartungsland**
  Flächen, von denen erwartet werden kann, dass sie in absehbarer Zeit Bauland werden

– **Rohbauland**
  Bauland, das für die Bebauung noch unzureichend gestaltet (Lage, Form und Größe) oder noch nicht erschlossen ist

– **Bauland**
  Mit der Bebauung kann sofort begonnen werden. Die Baugenehmigung muss bei richtiger Planung erteilt werden. Das Grundstück ist vermessen, erschlossen und zumindest über eine provisorisch ausgebaute Straße erreichbar. In der Regel liegt ein Bebauungsplan vor.

1.1.2   Grundstücksbewertung

Die Grundstücksbewertung kann erfolgen durch:

– **einen Sachverständigen** (sollte öffentlich bestellt und vereidigt sein) für die Bewertung von bebauten und nicht bebauten Grundstücken, der auf diesem Sachgebiet über besondere Fachkenntnisse verfügt.

– **einen Architekten,** der bei der Auswahl des Baugrundstückes den Bauherrn unterstützend beraten kann. Die Vergütung hierfür kann nach § 6 HOAI (Zeithonorar) erfolgen.
(Möglicherweise vermittelt der Architekt, auf einen späteren Auftrag hoffend).

Beauftragt der Bauherr (der Grundstückseigentümer) den Architekten mit der Untersuchung bzw. Beurteilung des Grundstückes, so ist dies eine Teilleistung der Leistungsphase 1, der Grundlagenermittlung. Somit ist der Architekt honorarberechtigt, wobei die Standortanalyse und die Bestandsaufnahme als Besondere Leistungen gelten. (Als Grundlage für die Standortanalyse empfiehlt sich das Führen einer Checkliste, siehe Abschnitt 1.1.5).

1.1.3   Grundstückswert

Marktpreis

Der Marktpreis ist der Wert bzw. Preis, zu dem ein Grundstück verkauft wird. Er entsteht durch Angebot und Nachfrage (subjektiver Wert).

Verkehrswert, § 194 BauGB

Der Verkehrswert ist der Wert (objektiver Wert) des Baugrundstückes nach objektiv ermittelbaren Wertansätzen z.B.:

– Lage des Grundstückes
– Beschaffenheit des Bodens
– Grad der Erschließung
– Möglichkeit der Nutzung laut Bebauungsplan
– Bodenrichtwert.

Der Verkehrswert leitet sich in der Regel vom Bodenrichtwert ab, mit entsprechenden Faktoren für Erschließung und Grundstücksgröße etc., ohne Rücksicht auf Ungewöhnliches und persönliche Verhältnisse.

Gutachterausschuss, § 192 BauGB

Zur Ermittlung von Grundstückswerten werden selbstständige unabhängige Gutachterausschüsse gebildet.

Die Geschäftsstelle eines Gutachterausschusses sammelt alle Kaufverträge und wertet sie anonym aus. Der Gutachterausschuss, der sich aus Sachverständigen zusammensetzt, überprüft und dokumentiert die Grundstückswerte in der Bodenrichtwertkarte.

Bodenrichtwerte, § 196 BauGB

Der Interessent kann sich beim Kauf eines Grundstückes mit Hilfe der Bodenrichtwertkarte orientieren.

Die Bodenrichtwerte sind Kaufpreissammlungen für das entsprechende Kommunalgebiet, dargestellt als durchschnittliche Lagewerte unter Berücksichtigung des unterschiedlichen Entwicklungszustandes (Erschließungszustand, Tiefe, Bebaubarkeit und Bauweise).

1.1.4 Grundstückskauf

Grundbuch

Beim *Grundbuchamt* (Amtsgericht, Abteilung Grundbuch) wird das *Grundbuch* geführt. Es ist die amtsgerichtliche Erfassung aller Grundstücke. Das Grundbuch weist das Bestandsverzeichnis und drei Abteilungen aus:

Bestands-verzeichnis:	Hier werden Merkmale des Grundstückes beschrieben.
1. Abteilung:	Hier sind die Eigentumsverhältnisse definiert.
2. Abteilung:	Hier sind die Lasten und Beschränkungen der Grundstücke definiert, wie Wegerechte, Kanalleitungsrechte etc.
3. Abteilung:	Hier sind die Grundpfandrechte eingetragen: Hypotheken, Grundschulden etc.

Einsehen dürfen das Grundbuch die Eigentümer und jeder eingetragene berechtigte Gläubiger sowie jeder Interessent, der berechtigtes Interesse (Vollmacht des Eigentümers bzw. Gläubigers) vorweist.

Vorkaufsrecht

Es gibt drei Möglichkeiten des Vorkaufsrechtes:

1. Das *Vorkaufsrecht der Gemeinde.* Es besteht grundsätzlich für jedes Grundstück und ist in der Regel nicht im Grundbuch eingetragen.

   Sinn des Vorkaufsrechtes der Gemeinde:

   a) ein ernsthaftes Interesse der Gemeinde zu wahren,
   b) mögliche Wucherpreise zu verhindern.

   Deshalb ist nach Vertragsabschluss beim Notar die so genannte Bodenverkehrsgenehmigung (Verzichtserklärung der Kommune auf das gesetzliche Vorkaufsrecht) bei der Gemeinde einzuholen und dem Notar vorzulegen.

   Das vom Käufer nicht beachtete Vorkaufsrecht der Kommune kann große Schwierigkeiten verursachen. Es gilt noch zwei Monate nach Abschluss des Kaufvertrages. Im gegebenen Fall muss der Käufer das neu erworbene Grundstück wieder an die Gemeinde abtreten. Die Gemeinde zahlt aber nur den Verkehrswert.

2. Das *im Grundbuch eingetragene Vorkaufsrecht* ist das angemeldete Interesse

einer Privatperson gegenüber dem Grundstücksbesitzer. Es rangiert nach dem Vorkaufsrecht der Gemeinde.

3. Das *nicht im Grundbuch eingetragene Vorkaufsrecht* besteht aufgrund einer schriftlichen Vereinbarung zwischen dem Grundstücksbesitzer und einem privaten Interessenten (Option). Es rangiert nach dem im Grundbuch eingetragenen Vorkaufsrecht.

Belastungen

Belastungen auf einem Grundstück können zum einen im Grundbuch eingetragene Grunddienstbarkeiten sein, wie Wegerechte oder Kanalleitungsrechte etc.

Weitere Belastungen sind Baulasten, die sich aus Abstandflächen der Nachbarbebauung auf dem Grundstück ergeben. Diese sind im Baulastenverzeichnis festgeschrieben.

Baulastenverzeichnis

Das Baulastenverzeichnis liegt bei der Baugenehmigungsbehörde, es gibt Auskunft über Anlagen, die im öffentlichen und privatrechtlichen Interesse auf dem Grundstück geplant oder vorgesehen sind, wie Straßenerweiterungen, unter- oder oberirdische Leitungen und anderes, z.B. auch die Zufahrt für ein nicht unmittelbar an der Straße gelegenes Grundstück über ein davor liegendes Nachbargrundstück oder die Übernahme eines fehlenden Häuserzwischenraums.

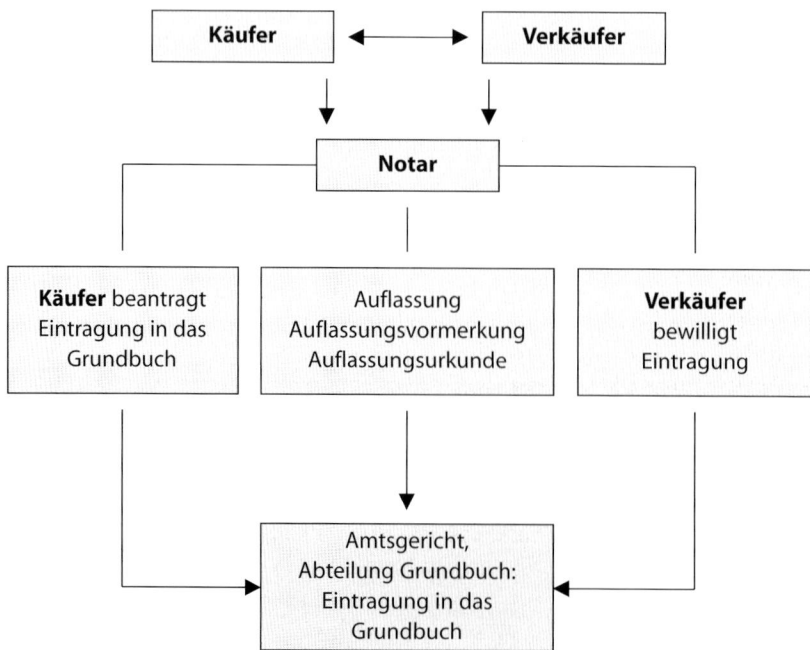

Abb. 1.1: Von der Kaufabsicht zur Grundbucheintragung

Kauf- bzw. Bauinteressenten müssen also im eigenen Interesse wegen möglicher Einschränkungen der Bebauungsmöglichkeiten auf dem Grundstück frühzeitig Auskünfte einholen, d.h. sich die *Boden- und Verkehrsgenehmigung* der Bodenverkehrsabteilung besorgen.

Notar

Für die Beurkundung von Rechtsvorgängen und anderen Aufgaben auf dem Gebiet der vorsorgenden Rechtspflege werden in den Bundesländern Notare bestellt und vereidigt.

Der Notar beurkundet Rechtsvorgänge, soweit die Gesetze Beurkundungsformen vorschreiben, wie Grundstücksgeschäfte, Erbverträge, Eheverträge etc. Alle Immobilienkäufe müssen demnach vom Notar verhandelt werden.

Die Einigung der Beteiligten schlägt sich in der Regel in einem Vertrag nieder, z.B. einem Kaufvertrag, der vom Notar beurkundet wird. Als Behörde haftet der Notar jedoch nicht.

Kaufvertrag

Im Grundstückskaufvertrag verpflichtet sich der Verkäufer, dem Käufer das Grundstück zu übereignen. Der Käufer verpflichtet sich, als Gegenleistung dafür den vereinbarten Kaufpreis zu bezahlen.

Der Kaufvertrag ist nur dann wirksam zustande gekommen, wenn er notariell beurkundet worden ist. Das Eigentum geht über durch die Auflassung und Umschreibung des Grundstückes auf den Käufer im Grundbuch.

Begriffe im Vertrag, die besonders wichtig sind:

– **Auflassung** ist die Einigung von Käufer und Verkäufer vor dem Notar.

– **Auflassungsvormerkung** heißt die Eintragung (vor der endgültigen Eintragung) im Grundbuch zum Schutz des Interessenten und der von ihm eventuell schon geleisteten Teilzahlung.

– **Auflassungsurkunde** ist die schriftliche Vertragsabfassung mit Datum und Unterschriften.

Bedingungen für die Eintragung:

– Die Grunderwerbssteuer muss bezahlt sein.
– Vorlage der Bodenverkehrsgenehmigung der Gemeinde
– Verzicht auf Vorkaufsrecht
– Vorlage der Unbedenklichkeitsbescheinigung des Finanzamtes
– Die Frage der ersten Hypothek muss geklärt sein, ggf. durch einen neuen Vertrag mit dem Geldinstitut. Der *neue Eigentümer* könnte sonst, trotz des beim Notar abgeschlossenen Kaufvertrages, in große Schwierigkeiten kommen. Falls nämlich der Verkäufer die erste Hypothek schuldig bleibt und der Käufer den Betrag nicht zahlen kann, kann es zu einer Zwangsversteigerung kommen.

Deshalb müssen Käufer und Verkäufer bei Vertragsabschluss zwischen verschiedenen Regelungen entscheiden:

- Der Verkäufer tilgt die erste Hypothek vor dem Verkauf.
- Der Verkäufer übernimmt die erste Hypothek.
- Der Käufer übernimmt die erste Hypothek.
  Bei einem neuen Vertrag ist der Betrag der Hypothek auf ein *Sonderkonto des Geldinstitutes* zu überweisen.
– Eintragung in das Grundbuch (veranlasst durch den Notar). Jetzt erst ist der Kauf des Grundstückes gültig.

Steuern und Nebenkosten

Grunderwerbssteuer

Beim Kauf von *unbebauten* oder *bebauten* Grundstücken wird die Grunderwerbssteuer durch das zuständige Finanzamt festgesetzt. Seit Januar 1997 beträgt die Grunderwerbssteuer 3,5 % vom notariell vereinbarten Kaufpreis (ohne Makler-Courtage) für das Objekt. Aber nicht nur der reine Kauf eines Grundstückes unterliegt der Grunderwerbssteuer, sondern auch der Abschluss eines Erbbaurechtsvertrages.

Im Grunderwerbsteuergesetz werden jedoch einige Ausnahmen von der Besteuerung zugelassen: *Grundstücksschenkungen* und das *Erbe eines Grundstückes* unterliegen z.B. nicht der Grunderwerbssteuer.

Die Grunderwerbssteuer wird grundsätzlich von den beteiligten Personen geschuldet. Wichtig ist hierbei jedoch, dass für die wirksame Übertragung des Grundbesitzes die Vorlage eines vom zuständigen Finanzamt ausgestellten Freistellungsbescheides zwingend erforderlich ist. Der Freistellungsbescheid wird jedoch erst dann erteilt, wenn die Grunderwerbssteuer vollständig gezahlt wurde. In den notariellen Kaufverträgen wird die Pflicht zur Zahlung der Grunderwerbssteuer ausnahmslos so geregelt, dass der Erwerber die Grunderwerbssteuer zu zahlen hat.

In Zweifelsfällen sollte der beurkundende Notar oder ein Steuerberater zur Grunderwerbssteuer befragt werden.

Grundsteuer

Die Grundsteuer wird von den Grundstückseigentümern erhoben und ist jährlich an die Gemeinde zu zahlen, die den Betrag durch den Grundsteuerbescheid festgesetzt hat. Die festgesetzte Grundsteuer wird zu je 1/4 des Jahresbetrages jeweils am 15. Februar, 15. Mai, 15. August und 15. November des laufenden Jahres fällig.

Maßgebend für die Festsetzung der Grundsteuer ist der Steuermessbetrag, der wiederum zusammen mit dem Einheitswertbescheid durch das zuständige Finanzamt festgesetzt wird. Der Einheitswert eines unbebauten Grundstückes ist niedriger als der eines bebauten Grundstückes, da im Einheitswert neben dem reinen Grundstückswert auch der Wert für das darauf gebaute Objekt erfasst wird.

Die Gemeinden wenden beim Erlass des Grundsteuerbescheides einen Hebesatz (Multiplikator) auf den Messbetrag an, der dann endgültig über die

Höhe der Grundsteuer entscheidet. Da die Hebesätze der Gemeinden nicht einheitlich sind, ist die Höhe der Grundsteuer bei gleichem Messbetrag von Gemeinde zu Gemeinde unterschiedlich.

Einkommensteuer

Allein durch den Erwerb eines Grundstückes entsteht keine Einkommensteuer. Der Einkommensteuer unterliegen nur die Vorgänge, die durch die wirtschaftliche Nutzung eines Grundstückes entstehen.

Erzielte Gewinne und Verluste aus der Vermietung oder Verpachtung von bebauten oder unbebauten Grundstücken unterliegen jedoch der Einkommensteuer. Sie erhöhen bzw. vermindern das Einkommen und damit auch die tatsächliche Einkommensteuerbelastung.

Beim Kauf ist es wichtig, dass der Kaufpreis oder die Herstellungskosten keinen unmittelbaren Einfluss auf das Einkommen haben, sondern lediglich die zu berücksichtigenden Abschreibungen, die von der Art des Objektes und der Nutzung abhängig sind. Weiterhin ist zu beachten, dass Tilgungsleistungen für Darlehen bei der Ermittlung des Einkommens unberücksichtigt bleiben.

Die Nutzung eines Gebäudes zu eigenen Wohnzwecken kann unter bestimmten Voraussetzungen zu erheblichen finanziellen Vorteilen führen. Diese Ansprüche sind beim zuständigen Finanzamt durch einen *Antrag auf Eigenheimzulage* geltend zu machen. Da solche finanziellen Vorteile Einfluss auf die Finanzierung haben, ist es wichtig, genaue Auskünfte von Banken oder dem Steuerberater einzuholen.

Beim Verkauf von Grundstücken ist zu beachten, dass der hierdurch entstehende Gewinn der Einkommensteuer unterliegt, wenn das Grundstück innerhalb von zehn Jahren nach dem Erwerb oder der Herstellung veräußert wird. Der hierbei erzielte Gewinn unterliegt aber nicht der Einkommensteuer, wenn das Objekt durch den Verkäufer ausschließlich zu eigenen Wohnzwecken genutzt wurde.

Nebenkosten

Beim Grundstückserwerb werden häufig die Nebenkosten vom Käufer unterschätzt oder gar nicht beachtet. Neben der bereits erwähnten Grunderwerbssteuer entstehen durch den Erwerb noch weitere Kosten.

In der Kalkulation sollten die nicht vermeidbaren Kosten für den Notar und die Gerichtskasse in einer Höhe von bis zu 2 % der Anschaffungskosten berücksichtigt werden.

Um Kosten einzusparen, sollte versucht werden, ein Grundstück ohne die Einschaltung eines Maklers zu erwerben, denn der Makler erhält für die Vermittlungsleistung eine von der Höhe des Kaufpreises abhängige Provision. Die Höhe der Provision ist regional unterschiedlich, nur selten verhandelbar und kann bis zu 5 % des Kaufpreises betragen.

Bevor sich der Käufer für ein Grundstück entscheidet, sollte er vor allem die grundsätzlichen Fragen klären und Überlegungen anstellen, die in der folgenden Checkliste (Abschnitt 1.1.5) aufgeführt sind.

1.1.5   Checkliste zum Baugrundstück

1. Handelt es sich um ein Baugrundstück (Bauland)?	ja	nein	Bemerkungen
– Liegt das Baugrundstück innerhalb eines Bebauungsplanes?	☐	☐	
– Liegt das Baugrundstück (nach BauGB § 34) innerhalb der im Zusammenhang bebauten Ortsteile?	☐	☐	

2. Bebaubarkeit (mit dem Bauaufsichtsamt bzw. Stadtplanungsamt abzustimmen)
 	
– Wie ist das Baugrundstück bebaubar?
– Welche anteiligen Grundstücksflächen dürfen bebaut werden:
 	
  • Im Verlauf der Baulinien (BL) und Baugrenzen (BGR), Größe des Baufensters?
  • Grundflächenzahl (GRZ) oder Geschossflächenzahl (GFZ)?
  • Ist eine geschlossene bzw. eine offene Bebauung vorgeschrieben?
 	
– Angabe von Gebäudehöhen bzw. Angabe der Geschossigkeit
– Welche Dachform ist vorgeschrieben?
– Zeitpunkt der Genehmigung?			

3. Abstände – Welche Abstände von den seitlichen Nachbargrenzen und den Straßen müssen nach der Abstandflächenverordnung eingehalten werden?			
4. Akzeptanz – Entspricht das Grundstück bezüglich der Größe, Form, Aussicht und der Himmelsrichtung den Wünschen des Bauherrn?	☐	☐	
– Lassen sich die Vorstellungen des Bauherrn in die Umgebung architektonisch integrieren?	☐	☐	
– Wie sind die Nachbargrundstücke bebaut bzw. geplant?			

5. Infrastruktur	ja	nein	Bemerkungen
– Anbindung an die Fernstraße?	☐	☐	
– Anbindung an die öffentlichen Verkehrsmittel?	☐	☐	
– Einkaufsmöglichkeiten?	☐	☐	
– Öffentliche Einrichtungen (Kindergärten, Schulen)?	☐	☐	
– Grün- und Sportanlagen?	☐	☐	
6. Immissionen			
– Ist das Grundstück besonderen Immissionen ausgesetzt, wie Lärm, Luftverschmutzung?	☐	☐	
– Sind entsprechende Maßnahmen notwendig, z.B. Schallschutzfenster?	☐	☐	
7. Baugrundqualität			
Wie ist die Baugrundbeschaffenheit?			
– Tragfähigkeit des Baugrundes?	☐	☐	
– Ist der Baugrund kontaminiert?	☐	☐	
– Wo liegt der Grundwasserspiegel?	☐	☐	
8. Bestand			
– Sind Gebäude oder Bewuchs zu erhalten, abzubrechen oder zu schützen, z.B. Natur- oder Baudenkmäler?	☐	☐	
– Gibt es ein Wege- oder Leitungsrecht?	☐	☐	
– Sind vorhandene Leitungen zu verlegen?	☐	☐	
– Werden Unterfangungen notwendig?	☐	☐	
9. Sonstiges			
– Können die notwendigen Stellplätze auf dem Grundstück vorgesehen werden (Garage, Tiefgarage) oder sind Ablösungszahlungen an die Kommunen notwendig?			
– Welche Erschließungs- und Straßenbaukosten sind zu zahlen?			

(Diese Checkliste erhebt keinen Anspruch auf Vollständigkeit.)

1.2 Öffentliches Bau- und Planungsrecht

1.2.1 Übersicht

Das öffentliche Bau- und Planungsrecht besteht aus verschiedenen Gesetzen und Verordnungen. Die Abbildung 1.2 bietet eine Übersicht über diese Vielfalt für den Gebrauch in der Praxis.

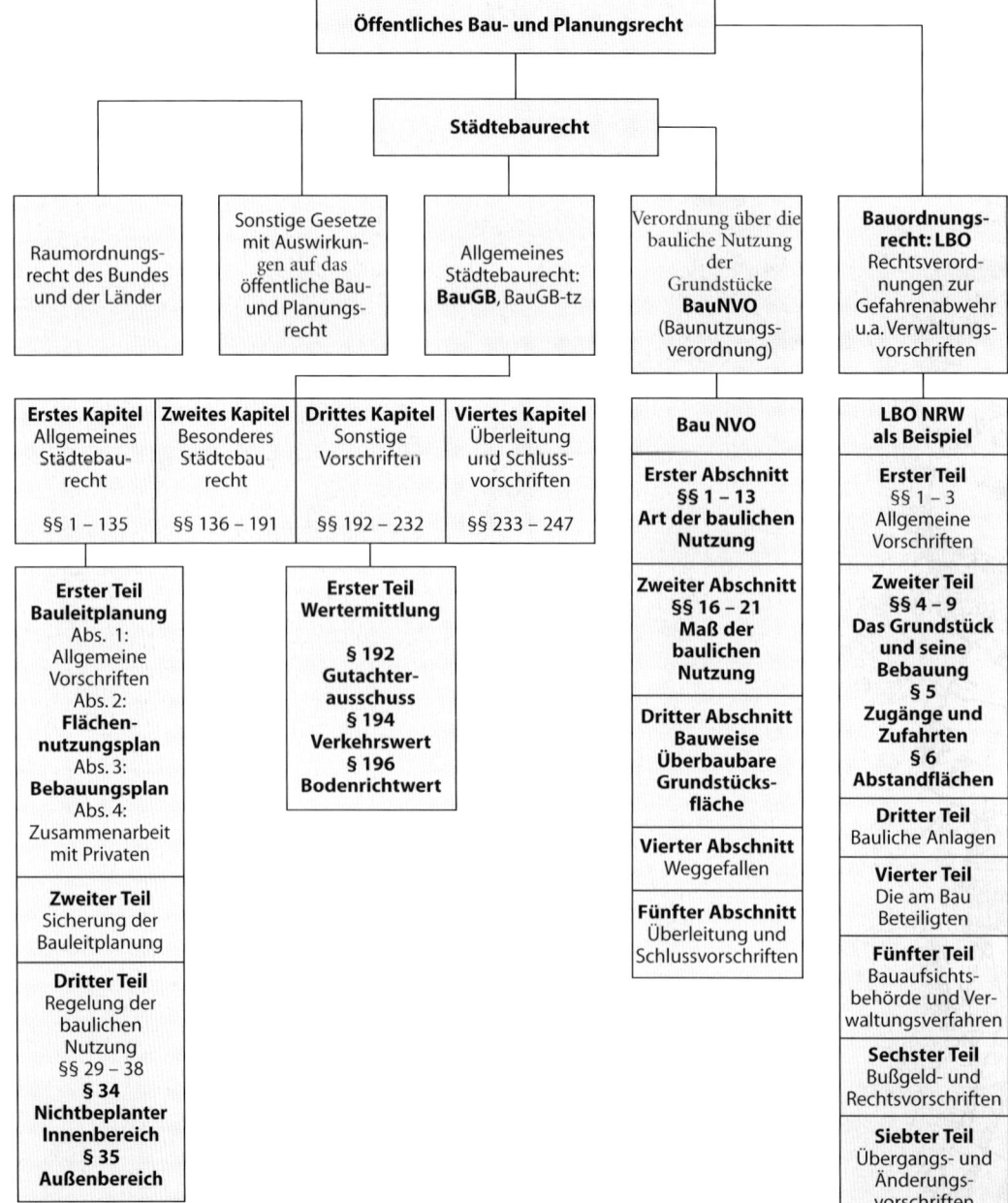

Abb. 1.2: Übersicht über das öffentliche Bau- und Planungsrecht

Abb. 1.3: Ausschnitt aus einem Flächennutzungsplan

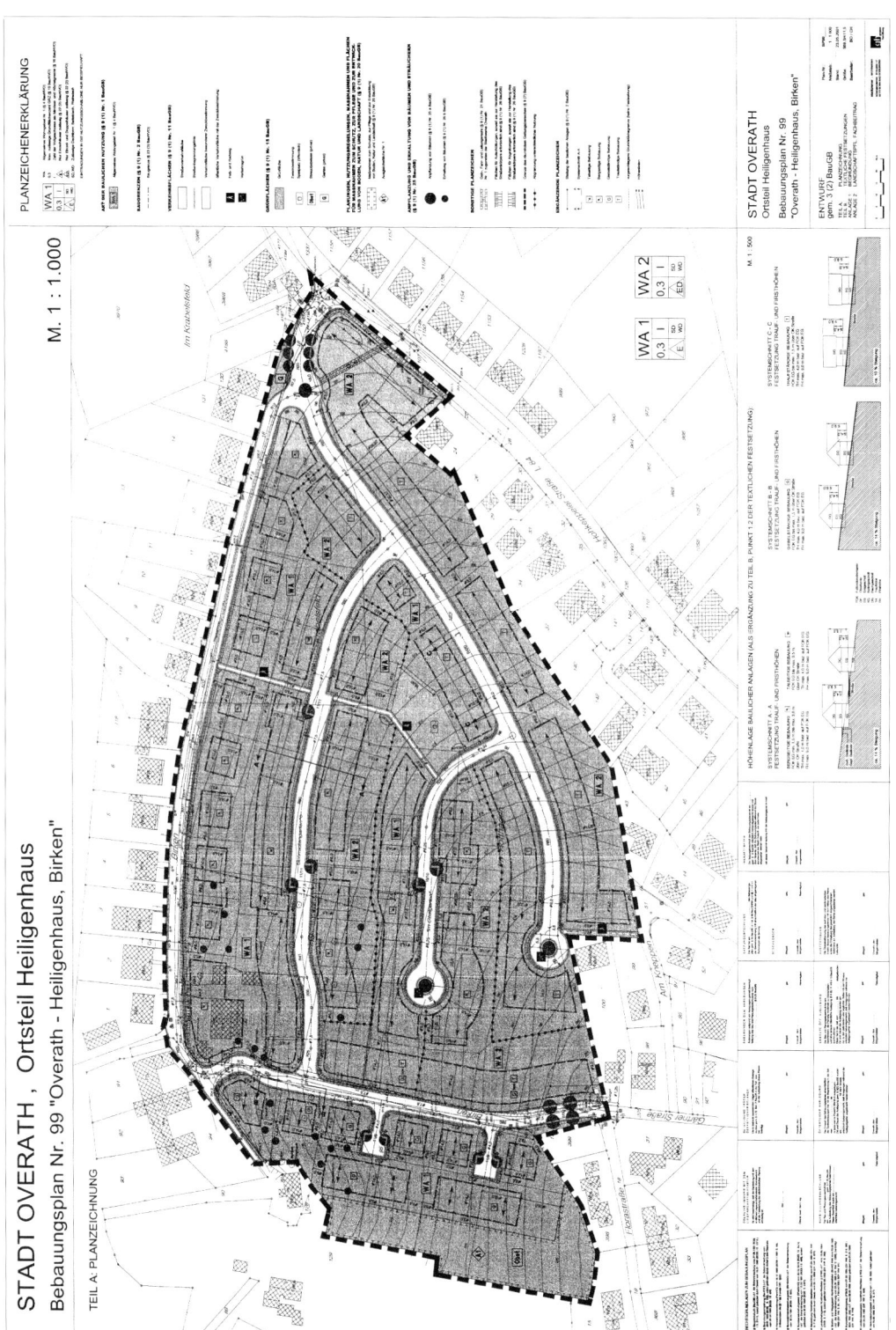

Abb. 1.4: Bebauungsplan [Quelle: gh gruppe hardtberg, stadtplaner · architekten, Bonn-Bad Godesberg]

1.2.2   Bundesbaugesetz (BauGB)

Erstes Kapitel
Allgemeines Städtebaurecht

Erster Teil
Bauleitplanung

Zweiter Abschnitt
Vorbereitender Bauleitplan
§§ 5 – 7 Flächennutzungsplan

Der Flächennutzungsplan (siehe Abb. 1.3) umfasst das gesamte Gemeinde-gebiet und ordnet den voraussehbaren Flächenbedarf für die einzelnen Nutzungsmöglichkeiten, wie Wohnen, Arbeiten, Verkehr, Erholung, Landwirtschaft und Gemeinbedarf.

Ob die festgelegten Flächen tatsächlich auch für den vorgesehenen Bedarf genutzt werden, wird mit diesem Plan jedoch nicht bestimmt, sondern erst im Bebauungsplanverfahren.

Aus dem Flächennutzungsplan entsteht also keinerlei Anspruch auf die dargestellte Nutzung, ein Bebauungsplan kann jedoch grundsätzlich nur aus dem Flächennutzungsplan entwickelt werden.

Dritter Abschnitt
Verbindlicher Bauleitplan
§§ 8 – 10 Bebauungsplan

Den Bebauungsplan (siehe Abb. 1.4) beschließt der Stadt- oder Gemeinderat als Satzung unter Beteiligung der Bürger. Dieser Bebauungsplan (B-Plan) wird der Bezirksregierung zur Genehmigung vorgelegt. Nach Genehmigung und Bekanntmachung des Bebauungsplanes ist dieser rechtskräftig und muss von jedem Bauherrn beachtet werden.

Der Bebauungsplan regelt in den Planzeichnungen und den textlichen Festsetzungen für jedes Grundstück, in welchem Umfang (Lage, Volumen des Baukörpers, in welcher Art (Wohnen und Gewerbe) die Fläche nutzbar ist. Der rechtskräftige Bebauungsplan kann bei den örtlichen Planungsämtern jederzeit eingesehen werden.

Abweichungen vom Bebauungsplan sind nur durch Befreiung (Dispens) im Zuge einer Bauvoranfrage bzw. eines Bauantrages möglich.

Dritter Teil
Regelung der baulichen und sonstigen Nutzung; Entschädigung

Erster Abschnitt
Zulässigkeit von Bauvorhaben

§ 34 Zulässigkeit von Vorhaben innerhalb der im Zusammenhang bebauten Ortsteile

Die Nutzungsmöglichkeit des jeweiligen Grundstückes muss sich nach Art und Maß der baulichen Nutzung in die Eigenart der näheren Umgebung einfügen. Die Auslotung dessen, was tatsächlich möglich ist, ist letztlich in Abstimmung mit dem Bauaufsichtsamt vorzunehmen.

§ 35 Bauen im Außenbereich

Liegt ein Grundstück außerhalb eines rechtskräftigen Bebauungsplanes und außerhalb eines im Zusammenhang bebauten Ortsteiles, ist kein grundsätzliches Baurecht gegeben. Ein Vorhaben kann nur durchgeführt werden, wenn ihm keine öffentlichen Belange entgegenstehen und die Erschließung gesichert ist. Ausnahmen gelten für:

– land- und forstwirtschaftliche Betriebe
– Betriebe der gartenbaulichen Versorgung
– öffentliche Versorgung, die wegen ihrer Besonderheit nur im Außenbereich ausgeführt werden soll.

1.2.3 Baunutzungsverordnung (BauNVO)

Erster Abschnitt
Art der baulichen Nutzung

Nach der Baunutzungsverordnung (BauNVO) wird im B-Plan die Art der baulichen Nutzung vorgegeben. Die entsprechenden Planzeichen enthält die Planzeichenverordnung 1990 (PlanzV90). Die wichtigsten Darstellungen enthält die Abbildung 1.5.

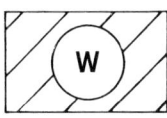

Wohnflächen

Nach Bauflächen und Baugebieten (besondere Art der Nutzung)

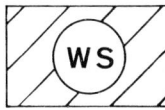

Kleinsiedlungsgebiete
mit zur Versorgung dienenden Läden, Gaststätten und nicht störenden Handwerksbetrieben

Reines Wohngebiet
ausschließlich Wohnbauten, notwendige Läden, einzelne nicht störende Handwerksbetriebe (LBO)

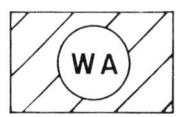

Allgemeine Wohngebiete
Wohnbauten, Läden, Gaststätten, kulturelle und soziale Anlagen, nicht störende Gewerbegebiete

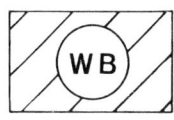

Besondere Wohngebiete

Nach Bauflächen (Baugebiete wurden nicht weiter aufgegliedert)

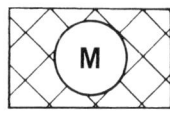

Gemischte Bauflächen

Nach Bauflächen (Baugebiete wurden nicht weiter aufgegliedert)

Gewerbliche Bauflächen

Nach Bauflächen (Baugebiete wurden nicht weiter aufgegliedert)

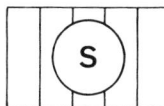

Sonderbauflächen

Abb. 1.5: Die wichtigsten Darstellungsarten der baulichen Nutzung

Zweiter Abschnitt
Maß der baulichen Nutzung

GRZ =   Grundflächenzahl (z.B. in reinen Wohngebieten 0,4 [WR]) gibt an, welcher Anteil der Nettogrundstücksfläche (anrechenbare Fläche) bebaut werden darf.

GFZ =   Geschossflächenzahl (1,6 bei 4 Geschossen [WB]) gibt die Summe der Geschossfläche (Außenkanten des Gebäudes) im Verhältnis zur Nettogrundstücksfläche an.

BMZ =   Baumassenzahl gibt an, welche Summe des umbauten Raumes (m^3) für die Nettogrundstücksfläche verbaut werden darf. Angerechnet wird der umbaute Raum für Bauteile mit Vollgeschoss-Charakter und für Aufenthaltsräume in anderen Geschossen. Die Baumassenzahl findet vor allem im Industriebau Verwendung.

Dritter Abschnitt
Bauweise, überbaubare Grundstücksfläche
§ 22 Bauweise

Im Bebauungsplan kann die Bauweise als offene oder geschlossene Bauweise festgesetzt werden.

o =   in der offenen Bauweise werden die Gebäude mit seitlichem Grenzabstand als Einzelhäuser, Doppelhäuser oder Hausgruppen errichtet.

g =   geschlossene Bauweise, Reihenhausbauweise.

§ 23 Überbaubare Grundstücksfläche

Die überbaubaren Grundstücksflächen können durch Festsetzung von Baulinien, Baugrenzen oder Bebauungstiefen bestimmt werden. Entsprechend der Festlegung von Baulinien und Baugrenzen ergeben sich im Bebauungsplan überbaubare Baufenster.

Die Baulinie und die Baugrenze werden folgendermaßen dargestellt:

— · · — · · — · · — · ·   Baulinie (auf der Baulinie muss gebaut werden).

— — · — — · — — ·   Baugrenze (darf nicht überschritten werden).

1.2.4   Bauordnungsrecht: Landesbauordnung (hier LBO NRW)

Erster Teil
Allgemeine Vorschriften

§ 2 Begriffe

In § 2 (5) und (6) der LBO NRW werden die Geschosse und Vollgeschosse definiert und die Höhen dafür festgelegt:

„Vollgeschosse sind Geschosse, deren Deckenoberkante im Mittel mehr als 1,60 m über die Geländeoberfläche hinausragt und die eine Höhe von mindestens 2,30 m haben. Ein gegenüber den Außenwänden des Gebäudes zurückgesetztes oberstes Geschoss (Staffelgeschoss) ist nur dann ein Vollgeschoss, wenn es diese Höhe über mehr als zwei Drittel der Grundfläche des darunter liegenden Geschosses hat ...

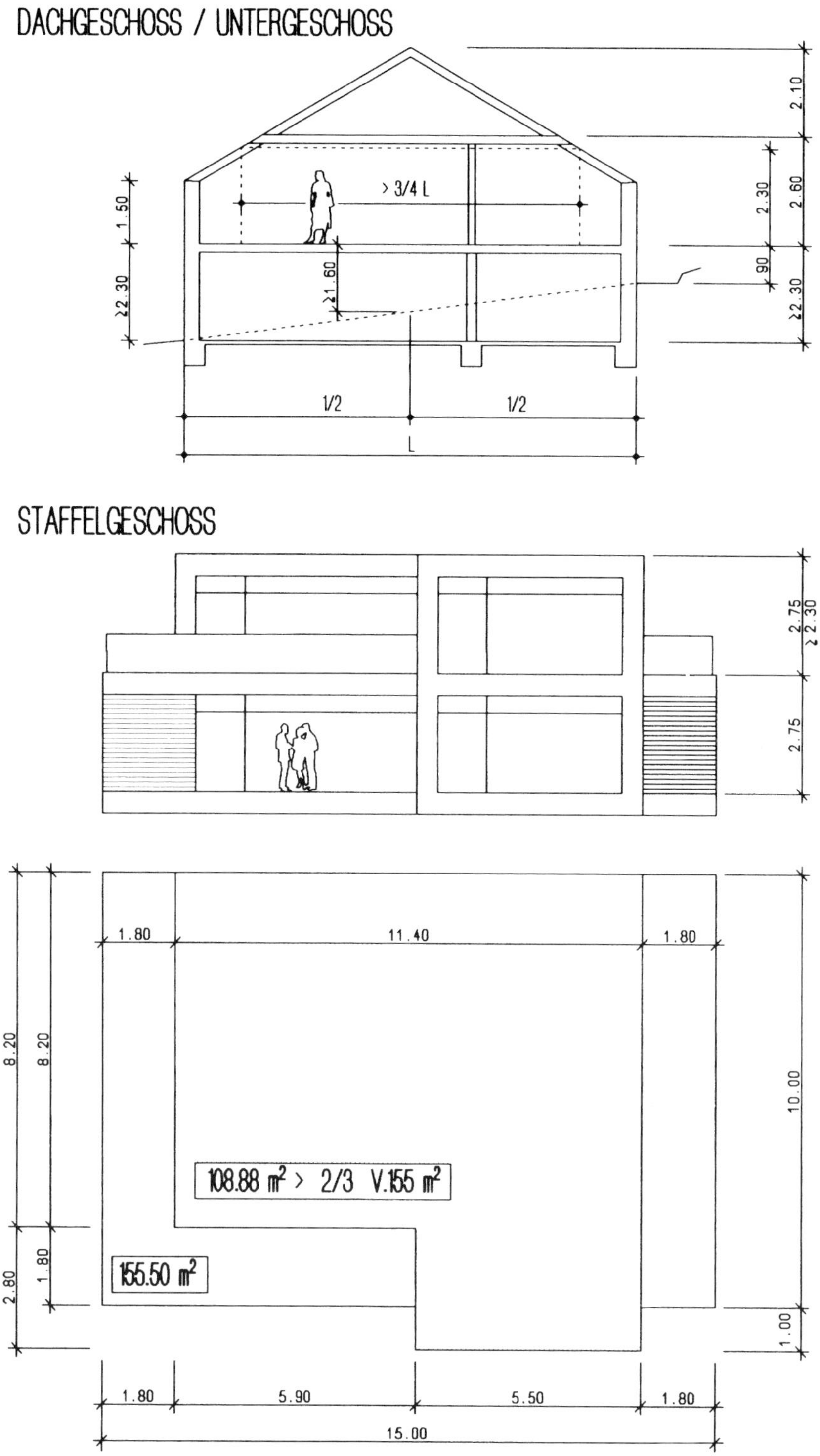

DACHGESCHOSS / UNTERGESCHOSS

STAFFELGESCHOSS

Abb. 1.6: Vollgeschosse nach LBO

Geschosse über der Geländeoberfläche sind Geschosse, deren Deckenoberkante im Mittel mehr als 1,60 m über die Geländeoberfläche hinausragt. Hohlräume zwischen der obersten Decke und dem Dach, in denen Aufenthaltsräume nicht möglich sind, gelten nicht als Geschosse."

Kellervollgeschoss

Der Keller ist Vollgeschoss, wenn die Höhe der Oberkante (OK) Gelände bis Oberkante Kellerdecke den o. g. Maßen entspricht (siehe Abb. 1.6).

Staffelgeschoss, geneigte Dachflächen

Das Dachgeschoss (Staffelgeschoss = zurückgesetztes Geschoss) ist ein Vollgeschoss, wenn die Höhe von 2,30 (OK Dachhaut) > 2/3 der darunter liegenden Geschossgrundfläche ausmacht, bzw. in Dachschrägen mehr als 3/4 seiner Grundfläche (siehe Abb. 1.6).

Anzahl der Geschosse

Unter Umständen kann man in einem nach Bebauungsplan zweigeschossigen Mehrfamilienhaus vier Etagen integrieren, vorausgesetzt, dass die im Bebauungsplan vorgeschriebene *Traufhöhe* (von OK Gelände bis OK Dachrinne) nicht überschritten wird!

In § 2 (7) sind Aufenthaltsräume definiert. Dies *„sind Räume, die zum nicht nur vorübergehenden Aufenthalt von Menschen bestimmt oder geeignet sind."*

Zweiter Teil
Das Grundstück und seine Bebauung

§ 4 Bebauung der Grundstücke mit Gebäuden

Gebäude dürfen nur errichtet werden, wenn die Erschließung an die öffentliche Verkehrsfläche Versorgung mit Trink- und Löschwasser, erforderliche Abwasser mit Beginn der Benutzung gewährleistet sind.

§ 5 Zugänge und Zufahrten auf den Grundstücken

Hier werden im Bereich der Zugänge und Zufahrten die Rettungswege für die Feuerwehr definiert.

§ 6 Abstandflächen

„Vor Außenwänden von Gebäuden sind Flächen von oberirdischen Gebäuden freizuhalten (Abstandflächen)." Die Tiefe der Abstandfläche (T) bemisst sich nach der Wandhöhe H_W; sie wird senkrecht zur Wand gemessen. Als Wandhöhe H_W gilt das Maß von der mittleren Geländeoberfläche bis zur Schnittlinie der Wand mit der Dachhaut. Bei einer Bebauung mit Steildach ergeben sich unterschiedliche Abstandflächen an Traufen und Giebeln in Abhängigkeit zur Dachneigung. Weitere Angaben sind in der Landesbauordnung zu finden.

$$H = (H_W + \text{Anteil aus Dach- D bzw. aus Giebelflächen G})$$

In § 6 (5) wird die Tiefe der Abstandflächen vorgeschrieben:

„Die Tiefe der Abstandflächen beträgt
– 0,8 H,
– 0,5 H in Kerngebieten, Gewerbegebieten und Industriegebieten,
– 0,25 H in Gewerbegebieten und Industriegebieten vor Außenwänden von
  Gebäuden, die überwiegend der Produktion und Lagerung dienen.

… In allen Fällen muss die Tiefe der Abstandflächen mindestens 3,0 m
betragen."

Somit ergibt sich als Formel für eine Abstandfläche:

T = (Wandhöhe + Dach bzw. Giebelanteil) × Gebietsfaktor.

„Zu öffentlichen Verkehrsflächen beträgt die Tiefe der Abstandfläche
– 0,4 H,
– 0,25 H in Kerngebieten, Gewerbegebieten und Industriegebieten."

1.3   Erschließungen

1.3.1   Öffentliche Erschließung

Hierzu gehören die anteiligen Kosten aufgrund gesetzlicher Vorschriften und die aufgrund öffentlich-rechtlicher Verträge entstehenden Kosten, z.B. erstmalige Erstellung oder erstmaliger Ausbau öffentlicher Verkehrsflächen sowie die Herstellung oder Änderung gemeinschaftlich genutzter technischer Anlagen (Wasser, Wärme, Gas, Elektrizität).

1.3.2   Nichtöffentliche Erschließung

Hierzu gehören die Kosten für Verkehrsflächen und technische Anlagen, die ohne öffentlich-rechtliche Verpflichtungen angelegt, in den Gebrauch der Allgemeinheit gestellt und ergänzt werden, z.B. Privatstraßen eines Siedlungsgebietes.

Kosten für die Herstellung von Anlagen außerhalb des Bauwerkes, jedoch auf dem eigenen Grundstück, gehören zu den Außenanlagen (Anschluss vom Grundstück an die öffentliche bzw. nichtöffentliche Erschließung).

1.3.3   Erschließungskosten

Die Erschließungskosten können nicht allgemein gültig angegeben werden, da die einzelnen Kommunen (Städte und Gemeinden) und Versorgungsträger (RWE, GEW etc.) unterschiedliche Bemessungsgrenzen bzw. Erschließungssituationen haben. Die Erschließungskosten müssen für jedes Objekt im Einzelnen angefragt werden.

Beispiel (Musterbauvorhaben) für die Errechnung der Kosten:

Wasser:	=	1.130,– €
Abwasser:	=	1.740,– €
Strom:	=	1.600,– €
Gas:	=	880,– €
Telefon: keine Anschlusskosten	=	
Netto	=	5.350,– €

Die Aufteilung in nichtöffentliche und öffentliche Erschließung fällt hier nicht an, da bei diesem Beispiel direkt an das öffentliche Netz angeschlossen werden kann.

1.4   Am Bau Beteiligte

Der Bauherr ist Laie und bedient sich gewöhnlich bei seinem Bauvorhaben entsprechender Fachleute. Diese Fachleute (Fachplaner, Fachbauleiter, Ämter etc.) werden in den entsprechenden Entwicklungsstufen unter „Beteiligte" kurz vorgestellt.

Vermessungsingenieur

Der öffentlich bestellte Vermessungsingenieur ist als Organ des öffentlichen Vermessungswesens berufen, an den Aufgaben der Landvermessung mitzuwirken. Er kann im Rahmen dieser Berufsordnung auf allen Gebieten des Vermessungswesens tätig werden. Er darf neben den öffentlichen Vermessungsverwaltungen Katastervermessungen ausführen und vermessungstechnische Ermittlungen mit öffentlichem Glauben bekunden.

Aufgaben des Vermessungsingenieurs:

1. Erstellung und Lieferung des amtlichen Lageplanes als Grundlage für den zu erarbeitenden Entwurf.

2. Teilvermessungen, Verlegen von Grundstücksgrenzen, Grundstücksteilungen oder Grundstücksvereinigungen werden entsprechend dem Vertragswillen der Eigentümer örtlich aufgenommen und als anerkannte Messergebnisse an das Katasteramt weitergeleitet, wo diese in einen amtlichen Nachweis übernommen werden.

3. Grobeinmessung, d.h. Angaben der Hauptbezugsachsen und Festlegung eines Höhenbezugspunktes als Grundlage zum Baugrubenaushub, ebenso Feinmessung, d.h. Übertragung von Bauwerksaußenkanten nach Lage und Höhe in die Baugrube, so dass das feine Schnurlot mit der Baugenehmigung übereinstimmt.

4. Sockelabnahme, d.h. Bescheinigung der Übereinstimmung von Lage und Höhe des Bauwerkes und der Genehmigung; hier sollte vor dem Gießen der unteren Decke die Lage und Höhe des Bauwerkes gegenüber der Genehmigung überprüft werden (um eventuelle Fehler frühzeitig zu erkennen).

5. Grenzattest, d.h. nach der Gebäudeeinmessung wird bescheinigt, dass das Bauwerk die Grenzen nicht überschritten und damit die Rechte des Nachbarn nicht eingeengt hat.

Verantwortung und Haftung des Vermessungsingenieurs

Als Behörde ist der Vermessungsingenieur nicht verantwortlich für die Angaben, die er vom Liegenschaftsamt erhält; er ist verantwortlich für Eigenangaben und Tätigkeiten durch ihn oder sein Büro, z.B. ergänzende Messungen an Ort und Stelle, für deren Richtigkeit er haftet.

Makler

Die Tätigkeit des Maklers ist freiberuflich, er ist keine Rechtsperson. Er vermittelt das Grundstück, d.h., er gibt es *unbesehen* weiter. Er ist nicht verpflichtet, über das Grundstück Auskunft zu geben. Alle Angaben sind unverbindlich. Er haftet nicht für die von ihm weitergegebenen Auskünfte, mit einer Ausnahme: Er haftet bei fehlerhafter Angabe wider besseren Wissens (das muss ihm jedoch nachgewiesen werden).

Die übliche Maklergebühr für Grundstücksvermittlung beträgt 3,5 bis 6 % des Kaufpreises, ist aber nicht vorgeschrieben.

Katasteramt

Das Katasteramt führt ein amtliches Verzeichnis für die karten- und buchmäßige Erfassung aller Grundstücke. Dieses Verzeichnis wird als Kataster bezeichnet.

Aus der Katasterkarte kann der Interessent gegen geringe Gebühr einen Auszug (Flurkarte) bekommen. Damit liegen ihm für sein Grundstück vor:

– Gemarkung, Flur, Flurstücknummer (Parzelle)
– Lage nach Straße und Hausnummer.

Neben den Flurkarten wird beim Katasteramt noch eine Anzahl weiterer Bücher und Verzeichnisse geführt:

– das Flurbuch
– das Liegenschaftsbuch
– das Eigentümerverzeichnis
– das alphabetische Namensverzeichnis.

Aus dem Liegenschaftsbuch sind alle weiteren Angaben wie Eigentumsverhältnisse, Grundbuchblatt sowie Nutzungsart und Größe erkennbar.

Die Katasterkarte wird im Maßstab 1 : 500 bis 1 : 1.000 geführt und dient zur Orientierung.

Als Vermessungsgrundlage wird der Katasternachweis (Fortführungsriss) benutzt und den öffentlich bestellten Vermessungsingenieuren zur Verfügung gestellt, z.B. zur Anfertigung eines Lageplanes.

Liegenschaftsamt

Es verwaltet die erfassten und vermessenen Grundstücke der beteiligten Kommunen anhand genauer Pläne einschließlich der Angaben des Bebauungsplanes.

1.5 HOAI – Honorarordnung für Architekten und Ingenieure

In der HOAI werden die Leistungen und Honorare der einzelnen Objektplaner dargestellt.

Der Bauherr benötigt zur Erstellung seines Objektes „Erfüllungsgehilfen", die Objektplaner, die für ihn das Objekt planen, ihn in den einzelnen Objektphasen beraten und seine Interessen gegenüber den zukünftigen Auftragnehmern (Unternehmer, Handwerker) vertreten.

Die HOAI ist in 14 Teile aufgeteilt:

In Teil I, Allgemeine Vorschriften, werden z.B. Anwendungsbereiche und Begriffe bestimmt sowie Nebenkosten, Zahlungen etc. geregelt. In den Teilen II bis XIII werden die in sich abgeschlossenen Leistungsbilder der Objektplaner geregelt:

Teil II: Leistungen bei Gebäuden, Freianlagen und raumbildenden Ausbauten (Architekt)

Teil III: Zusätzliche Leistungen (Projektsteuerung)

Teil IV: Gutachten und Wertermittlungen (Sachverständige für Wertgutachten)

Teil V: Städtebauliche Leistungen (Städteplaner)

Teil VI: Landschaftsplanerische Leistungen (Gartenbauarchitekten)

Teil VII: Leistungen bei Ingenieurbauwerken und Verkehrsanlagen (Ingenieure)

Teil VII a: Verkehrsplanerische Leistungen (Verkehrsplaner)

Teil VIII: Leistungen bei der Tragwerksplanung (Statiker)

Teil IX: Leistungen bei der Technischen Ausrüstung (Haustechniker)

Teil X: Leistungen für Thermische Bauphysik (Bauphysiker)

Teil XI: Leistungen für Schallschutz und Raumakustik (Bauphysiker)

Teil XII: Leistungen für Bodenmechanik, Erd- und Grundbau (Bodengutachter)

Teil XIII: Vermessungstechnische Leistungen (Vermessungsingenieur)

Teil XIV: Schlussvorschriften

Jedes Objekt hat je nach Größe und Anspruch einen unterschiedlichen Planungs- und Koordinierungsaufwand. Deshalb werden nach HOAI die Objekte in verschiedene Honorarzonen eingeteilt, z.B. für Architekten für Leistungen bei Gebäuden, § 13 HOAI:

Zone I: Gebäude mit sehr geringen Planungsanforderungen
               (z.B. Behelfsbauten)

bis Zone V: Gebäude mit sehr hohem Planungsaufwand
               (z.B. Krankenhäuser)

Entsprechend sind in der HOAI die Honorartafeln der einzelnen Objekt-planer gegliedert.

Die 100-prozentige Honorarsumme errechnet sich nach der Zone und den für den Fachplaner jeweils anrechenbaren Kosten. Die anrechenbaren Kosten sind die Objektkosten, für die der jeweilige Fachplaner verantwortlich ist, z.B. der Haustechniker für die Kosten der Gewerke Sanitär, Heizung, Elektro und Lüftung.

Die anrechenbaren Kosten werden nach der Kostengliederung der DIN 276 ermittelt.

Die DIN 276 „Kosten im Hochbau" löste 1993 die DIN 276 „Kosten von Hochbauten" von 1981 ab. Die HOAI legt in § 10 Absatz 2 jedoch fest, dass die anrechenbaren Kosten weiterhin nach DIN 276 in der Fassung von 1981 zu ermitteln sind. In diesem Werk werden die Kostengruppen der Ausgabe von 1993 verwendet, wie dies im privaten Wohnungsbau in der Regel der Fall ist.

Die Leistungen für ein Objekt werden nach HOAI in so genannte Leistungs-phasen eingeteilt, jedem Fachplaner entsprechend. Diese werden in Prozent-punkten des Gesamthonorars bewertet. Beauftragt der Bauherr z.B. den Trag-werksplaner mit den statischen Berechnungen, so würden damit nur 30 % der Honorarsumme beauftragt. Beauftragt er Teilleistungen, gilt es, die ent-sprechenden Zuschläge nach HOAI zu berücksichtigen.

1.6   Grundlagenermittlung nach HOAI, Leistungsphase 1

Für die erste Phase eines Bauvorhabens sieht die HOAI folgende Aufgaben (hier mit Erläuterungen) vor. Die Grundlagenermittlung wird dabei in folgende Teilleistungen aufgegliedert:

– **Klären der Aufgabenstellung**
  (Bauwünsche des Bauherrn mit Angabe des Kostenrahmens)

– *Beraten zum gesamten Leistungsbedarf*
  (Beratungspflicht des Architekten)

– Formulieren von Entscheidungshilfen für die Auswahl anderer an der Planung fachlich Beteiligter
  (Der Architekt schlägt dem Bauherrn Sonderfachleute vor, die notwendig sind, um sein Objekt zu erstellen, z.B. Vermesser, Bodengutachter, Tragwerksplaner, Ingenieur für Haustechnik etc.)

– **Zusammenfassen der Ergebnisse**
  Diese Leistung ist nicht formal festgelegt. Sie kann Folgendes enthalten:

  • Bauprogramm
  • Baugrundstück
  • Architekten- und Ingenieurverträge.

Werden für ein Objekt Besondere Leistungen (z.B. Bestandsaufnahme, Standortanalyse, Raumprogramm etc.) notwendig, so sind diese entsprechend zu vereinbaren.

2 Vorplanung

In die Vorplanung fließen alle ermittelten Grundlagen ein:

– Auflagen des Bebauungsplanes bzw. der Abstimmungsergebnisse mit dem Bauaufsichtsamt oder dem Stadtplanungsamt
– Bauwünsche des Auftraggebers
– Kostenrahmen, vorgegeben durch den Auftraggeber
– Abstimmung mit den Fachingenieuren

Mit der Vorplanung sollen Lösungen für die wesentlichen Teile der Planungsaufgabe erarbeitet werden.

2.1 Auswertung der Grundlagen

Zunächst müssen alle Grundlagen sorgfältig ausgewertet werden. Die wichtigsten Punkte werden im Folgenden dargestellt.

Bebauungsplan (B-Plan) bzw. der örtlichen Bebauung

Die mögliche Bebauung des Grundstückes ist entsprechend dem Bebauungsplan (siehe Abb. 1.4) bzw. der umgebenden Bebauung zu konzipieren. Ihm ist zu entnehmen:

– die bebaubare Fläche – innerhalb der Baugrenze bzw. Baulinien
– die bebaubare Fläche – innerhalb der Baufluchten der umgebenden Bebauung (abgestimmt, mit dem Bauaufsichtsamt)
– die bebaubare Fläche – unterhalb der Grundflächenzahl (GFZ)
– die Bauhöhe, die gebaut werden kann, bzw. die Höhen der umgebenden Bebauung
– die maximal zulässigen Geschosse.

Abstandflächen

Aus der zulässigen Gebäudehöhe und der vorhandenen Geländetopographie können die Abstandflächen berechnet werden, die auf dem eigenen Baugrundstück liegen sollten, damit keine Baulasten auf Nachbargrundstücken entstehen. So kann nach den vorgegebenen Randbedingungen das optimale Bauwerksvolumen konzipiert werden.

Die Randbedingungen der zu planenden Bebauung orientieren sich an einer optimalen und rentablen Ausnutzung. Rentabel heißt: möglichst viel Wohnfläche bzw. Gewerbefläche auf dem vorhandenen Grundstück zu erhalten.

Stellplätze und Garagen

Nach der Landesbauordnung NRW (§ 51) sind notwendige Stellplätze auf dem Grundstück unterzubringen (z.B. bei Wohngebäuden ein Stellplatz je Wohnung), oder diese müssen bei der Kommune abgelöst werden, d.h., für nicht nachgewiesene Stellplätze in Kerngebieten kann der Kommune ein entsprechender Obolus gezahlt werden, damit diese Parkhäuser bauen kann.

Spielfläche

Die Größe der Spielfläche richtet sich nach Zahl und Art der Wohnungen entsprechend der Gemeindeverordnung bzw. in der Größenordnung von $1 \, m^2$ je Wohnung bzw. $30 \, m^2$ Mindestgröße.

Erschließung

Bei der Vorplanung müssen hierzu folgende Fragen geklärt sein: Wird das Grundstück von einer öffentlichen oder privaten Straße erschlossen? Sind alle Versorgungsleitungen vor dem Grundstück vorhanden (siehe 1.3)?

Entwässerung

Die Entwässerung (Misch- oder Trennsystem) erfolgt in der Regel infolge der Schwerkraft durch Leitungen mit ca. 2 % Gefälle. Entsprechend ist der Einleitungspunkt über der Kanalsohle in das Gebäude „zurückzurechnen". Wenn die Entwässerung unter der Bodenplatte erfolgen soll, kann die Entwässerung Einfluss auf die Höhenausrichtung des Gebäudes haben.

Festlegung der EFH (Erdgeschoss-Fußbodenhöhe)

Sie wird im Lageplan zum Musterbauvorhaben (siehe Abb. 2.1) dokumentiert und ist die Bezugshöhe 0,0 = EFH über NN im Schnitt (Aufrisse des Architektenplanes)

Integration

Geplant werden muss auch die Integration in die schon bestehende Bebauung sowohl in ästhetischer als auch in konstruktiver Hinsicht.

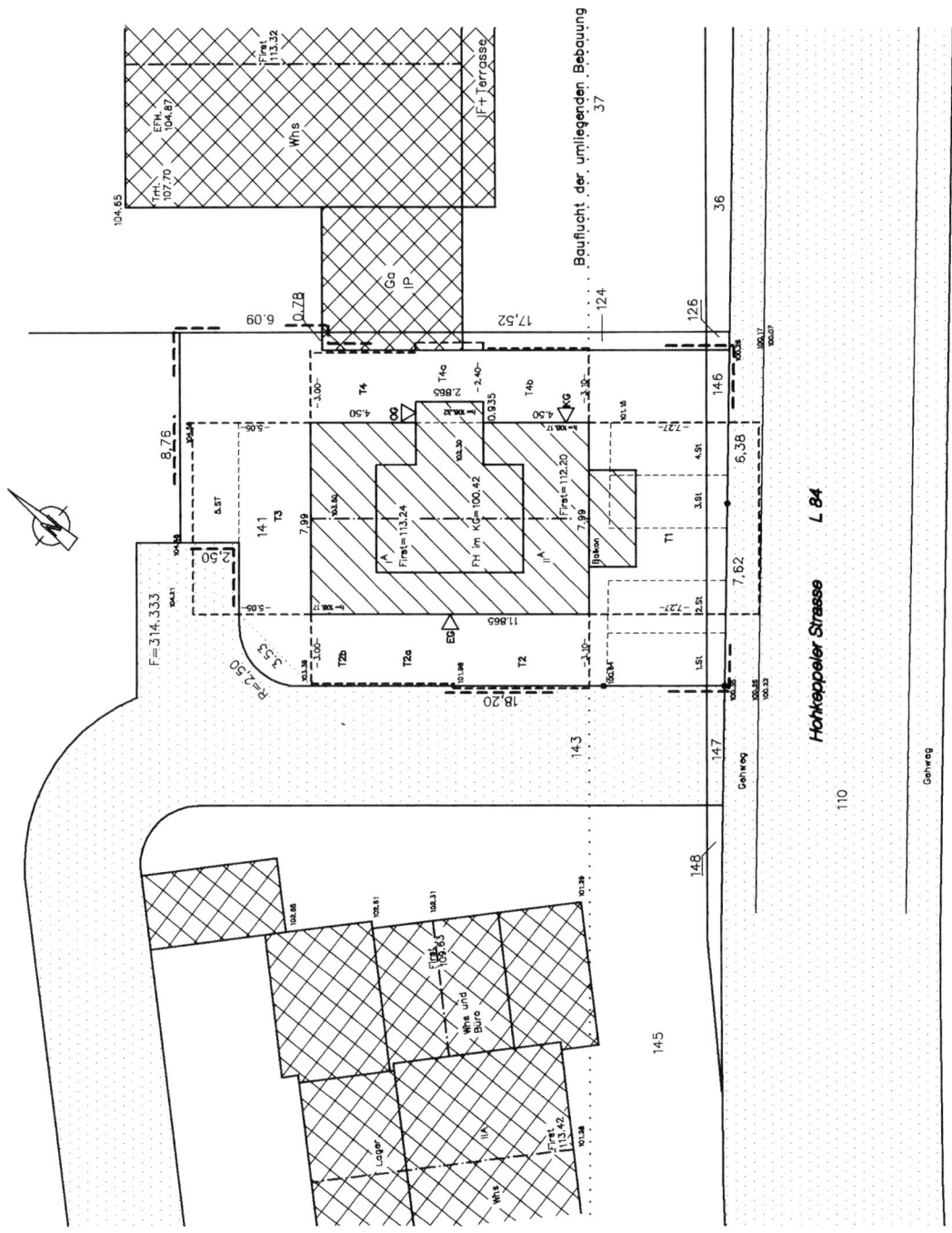

Abb. 2.1: Optimierung des Gebäudes in das Grundstück

2.2   Beispiel: Dreifamilienhaus

Dieses Dreifamilienhaus wurde genehmigt nach § 34 BauGB und dient hier als Musterbauvorhaben.

Bruttogrundstücksfläche: 314,33 m² (per CAD ermittelt)
Bebaute Fläche: $7,99 \times 11,865 + (Erker)\ 0,935 \times 2,865 = 97,48$ m²

GRZ = 97,48 / 314,33 = 0,31
(hier nicht gefordert, da kein B-Plan vorhanden ist)

Berechnung der Abstandflächen:

T1 $= 112,20 - 108,17 \cdot 1/3 + 108,17 - 100,42 \cdot 0,8 = 7,27$ m
     bis Straßenmitte möglich
T2 $= 108,17 - 100,42 \cdot 0,4 = 3,10$ m
     auf Privatstraße gegenseitig gestattet
T2a $= 108,17 - 101,42 \cdot 0,4 = 2,70$ m (mind. 3,00 m)
     auf Grundstück
T2b $= 108,17 - 103,20 \cdot 0,4 = 1,99$ m (mind. 3,00 m)
     auf Privatstraße gegenseitig gestattet
T3 $= 112,20 - 108,17 \cdot 1/3 + 108,17 - 103,20 \cdot 0,8 = 5,05$ m
     auf Grundstück
T4 $= 108,17 - 103,20 \cdot 0,4 = 1,99$ m (mind. 3,00 m)
     auf Grundstück
T4a $= 108,32 - 102,31 \cdot 0,4 = 2,40$ m
     als Baulast auf 124 eingetragen
T4b $= 108,17 - 100,42 \cdot 0,4 = 3,10$ m
     auf Grundstück

Da in dem Erker eine Treppe zur Erschließung der oberen Wohnung liegt, musste nach Auffassung der Bauaufsicht eine Baulast auf 124 eingetragen werden.

Firsthöhe

Nachbar rechts: 113,32 m
Nachbar links: 102,31 m
Mit Bauaufsicht abgestimmt: Firsthöhe: 113,24 m

Für die drei Wohnungen wurden von der Bauaufsicht fünf Stellplätze gefordert.

Im unteren Bereich zur Straße, im Abstand von 6 m wurden vier Stellplätze angeordnet und im oberen Bereich ein Stellplatz für die obere Wohnung.

Erschließung der einzelnen Wohnungen

KG: im unteren Bereich der NO-Front
EG: im mittleren Bereich der SW-Front
OG: über die Treppe im Erker (siehe oben)

Auswertung

In Dachform und äußerer Form aus Bestandsaufnahmen der näheren Umgebung orientiert.

2.3   Lageplan

Der amtliche Lageplan (die amtliche Flurkarte) ist die planerische Wiedergabe des Grundstückes. Der Lageplan wird auf der Grundlage einer amtlichen Flurkarte im Maßstab 1 : 250 (Orientierung: 1 : 5.000) in der Regel
vom Vermessungsingenieur angefertigt.

Der Lageplan weist Folgendes aus:

- das Grundstück in seiner Größe und mit den gestrichelt dargestellten
  Grundstücksgrenzen

- geplante Gebäude mit ihren Abmessungen und Abständen zu den Grundstücksgrenzen

- vorhandene und geplante Verkehrsflächen mit ihren Zu- und Abfahrten

- die örtlich aufgenommenen Höhen

- die geplanten Höhen, wie z.B. EFH (Erdgeschoss-Fußbodenhöhe fertig),
  Firsthöhen oder sonstige wesentliche Höhen (Traufhöhen, Höhen von
  Anbauten)

- die Nachbarbebauung (der Bestand)

- Darstellung der vorhandenen Kanäle mit KD (Kanaldeckel) und KS
  (Kanalsohlenhöhen)

- Anschluss der Entwässerung an die Objekte

- Darstellung sonstiger Eintragungen, z.B. Wasserflächen, Spielplatz, Wasser-
  hydrant etc.

- textliche Angaben, wie
  • Grundstückseigentümer
  • Gemarkung/Flur/Flurstück
  • Maßstab
  • Art und Maß der baulichen Nutzung
  • Bauvorhaben/Bauherr/Gemeinde
  • Zeichenerklärung
  • Unterschrift des Bauherrn, Vermessers, Architekt
  • Lageplan als Anlage.

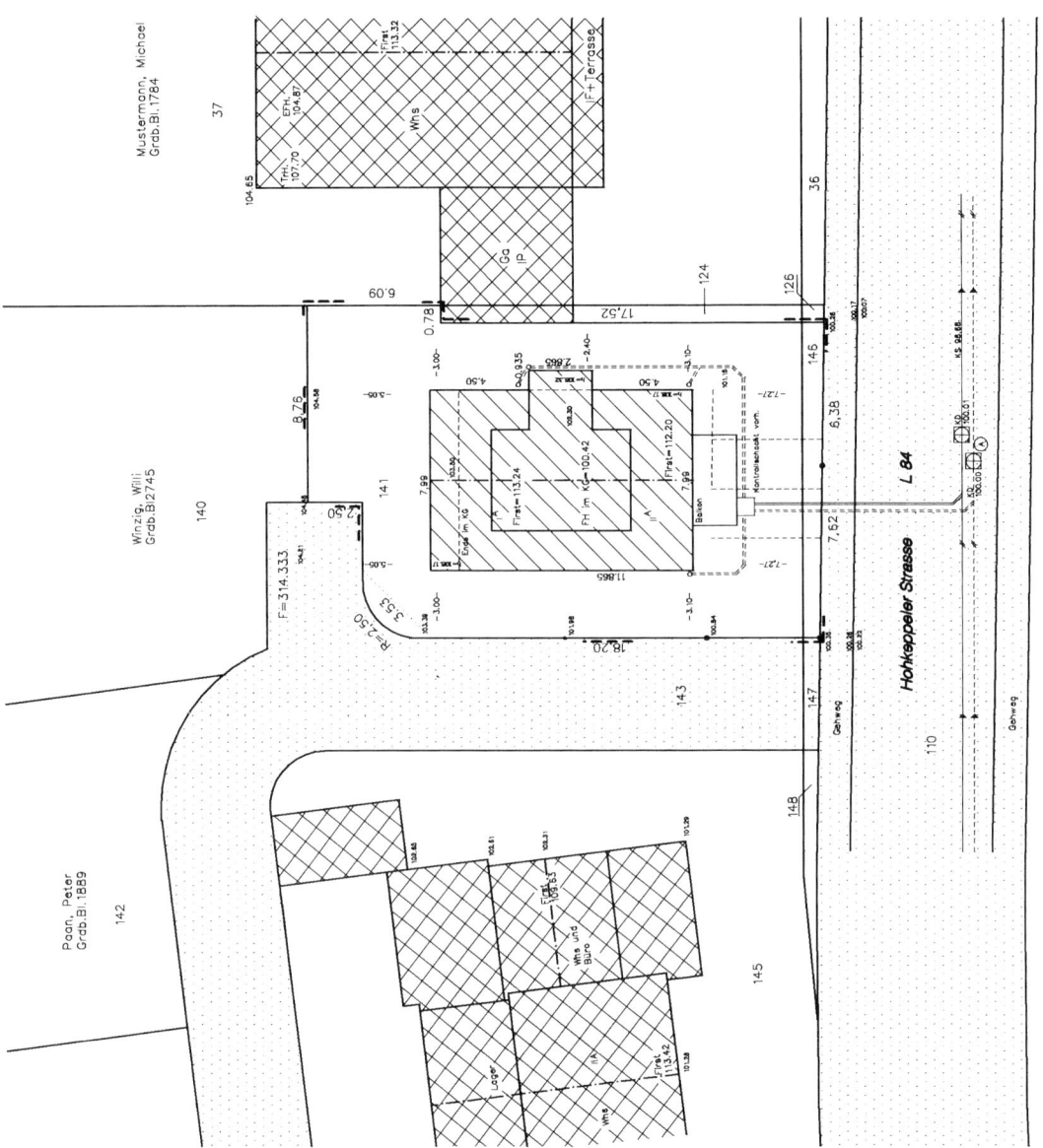

Abb. 2.2: Lageplan

ZEICHENERKLÄRUNG
(Dargestellt für den Maßstab 1:1000)
ALLGEMEIN

Kreisgrenze (Stadtgrenze)		Kartierungsnachweis für Grenzpunkte	Fernsprechhäuschen	
Gemarkungsgrenze		Geländehöhe · 70,33	Feuermelder	
Flurgrenze		Böschung	Laterne	
Flurstücksgrenze		Verkehrsschild	Polizeirufsäule, Unfallmelder	
Gebäudeumrißlinie		Haltestelle	Schornstein	
Nutzungsgrenze, Bordkante		Ampelanlage	Denkmal	
Eisenbahngleis mit Weiche		Mauer mit Angabe der Stärke 0,24	Umformer	
Straßenbahngleis		Zaun	Schaltkasten	
Abwasserkanal Schmutzwasserleitung		Hecke	Mast	
Abwasserkanal Regenwasser		Baum (geschützt)	Schacht	
Abwasserkanal Mischwasserleitung		U = Umfang H = Höhe	Kabelschacht	
Hauptversorgungsleitungen (Die Art soll näher bezeichnet werden)		Kronen = maßstäblich	Hydrant oberirdisch	
oberirdisch		Baum (ungeschützt)	Hydrant unterirdisch	
unterirdisch		Kronen = maßstäblich	Straßensenkkasten	
Straßenbahnen		Baum geplant	Schieber ⊕W ⊕G	
Seilbahnen			W = Wasser G = Gas	

BAURECHT

Baugebiete gemäß Bau- nutzungsverordnung vom 26.01.1990	Öffentliche Verkehrsfläche vorhanden	offene/geschlossene Bauweise o/g
Baugrundstück für den Gemeindebedarf B.f.G.		Garagen/Stellplätze Ga/St
Kleinsiedlungsgebiet WS	Öffentliche Verkehrsfläche geplant bzw. festgesetzt	Nur Einzel- und Doppelhäuser zugelassen
allg./reines Wohngebiet WA/WR	Öffentliche Grünfläche ö.Gr.	Nur Hausgruppen zugelassen
Dorfgebiet MD		Zahl der Vollgeschosse:
Mischgebiet MI	Private Grünfläche pr.Gr.	Höchstgrenze z.B. III
Kerngebiet MK	Private Verkehrsfläche pr.V.-fl.	zwingend z.B. III
Industriegebiet/Gewerbegebiet GI/GE		Grundflächenzahl GRZ
Sondergebiet SO		Geschoßflächenzahl GFZ
Plätze für Abfallbehälter M		Baumassenzahl BMZ
Pflanzgebot	Wasserfläche	GRZ/GFZ z.B. 0,3 0,9
Empfohlener Standort eines Baumes	Wald Laub-, Nadel-, Mischwald	GRZ/BMZ z.B. 3,0 1,0
	Fläche für Landwirtschaft	Geh-, Fahr- und Leitungsrecht

Abstandfläche gem. §6 BauO NW	Straßenbegrenzungslinie	Bauliche Anlage unterirdisch geplant gepl.
T = notwendige Tiefe	Baulinie	
	Baugrenze	Bahnanlagen Bahn
Baulast	Abgrenzung unterschiedlicher Nutzung	
Grenze Naturschutzgebiet	Grenze des Geltungsbereiches eines Bebauungsplanes	Grenze Landschaftsschutzgebiet
Wirtschafts-,Werks- u. unbewohnte Nebengebäude, Garagen u.s.w. vorhanden	Grenze der Verbandsgrünfläche	
	Schallschutzmaßnahme	Erdgeschoß-Fußbodenhöhe über NN EFH
Wohn-, Büro- u. Geschäftsgebäude vorhanden	Grundstücksentwässerung	Hauptgesimshöhe HGH
	vorhandene Schmutzwasserleitung	Oberkante (fertig) Fußboden OK(F)F
Geplante Bauliche Anlagen	vorhandene Regenwasserleitung	Oberkante Decke OKD
	vorhandene Mischwasserleitung	Hauseingang vorhanden
Zu beseitigende Bauliche Anlagen	geplante Schmutzwasserleitung	geplant
	geplante Regenwasserleitung	keine Eigentumsgrenze
Bauliche Anlagen unterirdisch	geplante Mischwasserleitung	keine Flurstücksgrenze
	geplanter/vorhandener Revisionsschacht	Grenze des Baugrundstückes

VERSCHIEDENES	DACHFORM	DACHNEIGUNG	MASSE UND ZAHLEN
Kanalhöhen: Deckel KD Einlauf, Sohle KE KS	Satteldach	Flachdach	graphisch ermitteltes Maß z.B. ‹10.20›
In Klammern gesetzte Angaben wurden den städtischen Bestandskarten entnommen.	Walmdach	Dach von 5°- 28° Neigung	rechnerisch ermitteltes Maß z.B. (10.20)
geplanter Kanal (KD) (KE) (KS)	Zeltdach	Dach von 29°- 45° Neigung	geplante Höhe z.B. ✕ 23.45
Die Planung wurde den Plänen Nr. der Stadt entnommen.	Pultdach /p	Dach von über 45° Neigung	geplante Straßenhöhe z.B. ○ 23.45
	Sheddach /Sh	Garage mit Flachdach nicht besonders kennzeichnen	

Im übrigen gelten die entsprechenden Zeichenvorschriften für Katasterkarten und Vermessungsrisse sowie die Plan ZVO des BBauG.

Bauliche Anlagen	Nutzung	Bauart der Außenwände	Bedachung	Höhenanschluß:
				Bolzen Nr.
				Höhe _____ m ü. NN
				Kontrollbolzen Nr.
				Höhe _____ m ü. NN

Abb. 2.3: Zeichenerklärungen zum Lageplan

2.4   Vorplanung (Projekt- und Planungsvorbereitung) nach HOAI, Leistungsphase 2

Die Vorplanung (Projekt- und Planungsvorbereitung) wird in der HOAI in folgende Teilleistungen aufgegliedert:

– Analyse der Grundlagen (aus Leistungsphase 1)
– Abstimmen der Zielvorstellungen (Randbedingungen, Zielkonflikte)
– Aufstellen eines planungsbezogenen Zielkataloges
– Erarbeiten eines Planungskonzeptes
– Integrieren der Leistungen anderer an der Planung fachlich Beteiligter
  (Koordinierungspflicht des Architekten)
– Klären und Erläutern der Vorplanung
   • städtebaulich
   • gestalterisch
   • funktional
   • technisch
   • wirtschaftlich-ökologisch
– Vorverhandlungen mit Behörden über Genehmigungsfähigkeit
– Kostenschätzung nach DIN 276 (Ebene 1)
– Zusammenstellen aller Vorplanungsergebnisse

Abb. 2.4: Perspektive des Musterbauvorhabens (mit Nordseite)

2.5   Vorentwurf

Der Vorentwurf ist die erste zeichnerische oder auch skizzenhafte Wiedergabe des gedachten Bauobjektes entsprechend den Vorstellungen und Wünschen des Bauherrn, nach den Auswertungen der Grundlagen und aufgrund der Überlegungen und Ideen des Architekten.

Nach der HOAI hat der Architekt zur Bearbeitung des Planungskonzeptes alternative Lösungsmöglichkeiten nach gleichen Anforderungen zu unter-suchen (als Grundleistung), d.h., er stellt dem Bauherrn Varianten zu seiner Planungsidee vor.

Mehrere Alternativen (nach besonderen Anforderungen) d.h. grundsätzlich parallele Lösungskonzepte sind dagegen als Besondere Leistung anzusehen und entsprechend zu vergüten. Die Vergütung ist zwischen dem Bauherrn und Architekten abzustimmen.

Der Bauherr benötigt den Vorentwurf als Basis zur Finanzierung bzw. Rentabilitätsberechnung. Deshalb sind die entsprechenden Unterlagen für ihn notwendig, die im Folgenden dargestellt werden.

Vorentwurfszeichnungen

Die Zeichnungen sind nach Art und Umfang der Bauaufgabe im Maßstab 1 : 200 bzw. 1 : 100 darzustellen und mit folgendem Inhalt:

– die Einbindung der baulichen Anlage in die Umgebung, z.B. die Darstel-lung des Bauwerkes auf dem Baugrundstück mit der Angabe der Haupt-erschließung und der Nordrichtung
– die Zuordnung der im Raumprogramm genannten Räume
– die angenäherten Maße der Baukörper und Räume, auch als Grundlage für die Berechnung des umbauten Raumes und Wohn- und Nutzfläche
– konstruktive Angaben, soweit notwendig
– Darstellung der Maße, Gebäudeform und Bauteile in Grundrissen, Schnitten und wesentlichen Ansätzen mit Verdeutlichung der räumlichen Wirkung, soweit notwendig: Ansichten, Perspektiven (siehe Abb. 2.4).

Katasteramtlicher Lageplan

Er wird als Grundlage benötigt.

Kurzer Erläuterungsbericht

Er dient als Beschreibung der Art und Lage, der städtebaulichen Situation, der Konstruktion und der Architektur.

Berechnung des umbauten Raumes (siehe 4.6.1 und Anhang) nach DIN 277

Der umbaute Raum ist hier überschlägig zu ermitteln.

Berechnung der Nutz- bzw. Wohnfläche (siehe 4.6.2 und Anhang) nach DIN 277 bzw. nach der Zweiten Berechnungsverordnung

Sie werden hier ebenfalls überschlägig berechnet.

2.6   Baukosten

Die anrechenbaren Kosten für ein Bauobjekt, die Grundlage für das Honorar des Architekten bzw. Fachplaners sind, werden nach der DIN 276 ermittelt, die eine Kostengliederung in drei Ebenen vorsieht. (Die DIN 276 „Kosten im Hochbau" löste 1993 die DIN 276 „Kosten von Hochbauten" von 1981 ab. In diesem Werk werden die Kostengruppen der Ausgabe von 1993 verwendet, wie dies im privaten Wohnungsbau in der Regel der Fall ist. Die HOAI legt in § 10 Absatz 2 jedoch fest, dass die anrechenbaren Kosten weiterhin nach DIN 276 in der Fassung von 1981 zu ermitteln sind.)

In der HOAI sind für die Ermittlung der Baukosten vier Arten entsprechend den Projektphasen (Leistungsphasen) vorgeschrieben:

1. *Kostenschätzung* für die Vorplanung,
   Leistungsphase 2 (zur Finanzierungsplanung)
   Sie soll die Kosten bis mindestens zur 1. Ebene nach DIN 276 enthalten.

2. *Kostenberechnung* für die Entwurfsplanung,
   Leistungsphase 3 (zur Finanzierung und zur Ermittlung der Honorare bis zur Honorarfestsetzung)
   Kostenkontrolle durch Vergleich mit Kostenschätzung
   Sie soll die Kosten bis mindestens zur 2. Ebene nach DIN 276 enthalten.

3. *Kostenanschlag* für die Ausführungsplanung und die Vorbereitung der Vergabe (Leistungsphasen 5 und 6) und wird in Leistungsphase 7 ausgeführt.
   Kostenkontrolle durch Vergleich mit Kostenberechnung
   Er soll die Kosten bis mindestens zur 3. Ebene nach DIN 276 enthalten.

4. *Kostenfeststellung* in der Objektüberwachung (Leistungsphase 8) durchgeführt aufgrund der abgerechneten Bauleistung (nach Analyse als Basis für erneute Kostenplanung zu erstellender Objekte)
   Kostenkontrolle durch Vergleich mit Kostenanschlag
   Auch sie soll die Kosten bis mindestens zur 3. Ebene nach DIN 276 enthalten.

2.7   Kostenschätzung

Die Kostenschätzung, die in der Leistungsphase 2 durchgeführt wird (siehe Abb. 2.5), ist eine überschlägige Ermittlung von Kosten. Sie dient als Grundlage für die Entscheidung über die Vorplanung und zur Ermittlung der Honorare für Architekten und Fachplaner.

Grundlagen hierfür sind:

– Bezugsgrößen, z.B. Nutzflächen oder Rauminhalte
– erläuternde Angaben
– Angaben zum Baugrundstück und zur Erschließung

Die Kostenschätzung ist auf Grundlage der gesamten Vorplanung zu erstellen und so genau wie möglich zu berechnen. Fehlerhafte Abweichungen können zu Haftungsansprüchen führen.

	Kostengruppen	Teilbetrag €	Gesamtbetrag €
	Bauherr: Michael Mustermann **Objekt:** Musterstraße		
100	Grundstück		
200	Herrichten und Erschließen		
300	Bauwerk – Baukonstruktionen		
400	Bauwerk – Technische Anlagen		
500	Außenanlagen		
600	Ausstattung und Kunstwerke		
700	Baunebenkosten		
	zur Abrundung		
	Geschätzte Gesamtkosten		
	Bauherr: Architekt:		

Abb. 2.5: Kostenschätzung nach DIN 276 von 1993 (Ebene 1)

2.8   Rentabilität

Die Rentabilität eines Objektes wird im Vorentwurf schon entscheidend beeinflusst, durch die Vorgaben des Bauherrn, die Planung des Architekten und auch durch die Umsetzung der Planung der Fachingenieure.

Der Architekt bzw. der Projektkoordinator hat im Bezug auf die Rentabilität eine Beratungspflicht gegenüber dem Bauherrn. Laut HOAI ist er im Rahmen des an ihn erteilten Auftrages verpflichtet, den Bauherrn frühzeitig und gewissenhaft zu beraten. Dies ist eine *Nebenleistung* bzw. *Nebenpflicht,* die nicht besonders honoriert wird.

Für die Finanzierung des Bauvorhabens ist die Kenntnis aller durch das Bauvorhaben entstehenden Kosten entscheidend und damit die Frage, ob sich das Bauobjekt rentiert. Dafür gibt es folgende Erfahrungsgrundlage:

Erfahrungsformel für die Rentabilität (Nutzungsfaktor) des Baukörpers:

Die Rentabilität ist gegeben, wenn das Verhältnis Kubus zur Nutzfläche $\leq 4{,}5$ beträgt.

Beispiel: Mehrfamilienhaus
991,28 m^3 (Kubus) : 277,13 m^2 (Nutzfläche) = 3,58, also < 4,5

Die Rentabilität eines Bauvorhabens ist weiterhin durch gründliche und geschickte Planung zu beeinflussen sowie durch Einsparen von Baukosten, d.h. auch durch Vermeiden unnötiger Baukosten, um einen möglichst hohen Nutzwert zu erreichen.

Finanzierungsrahmen

Den Finanzierungsrahmen stellt der Bauherr in der Regel auf Basis der Vorplanungsunterlagen (Kostenschätzung) sicher. Die Finanzierungssumme sollte den Gesamtkosten entsprechen (dabei sind auch die Finanzierungskosten selbst zu berücksichtigen). Der Finanzierungsplan (siehe 2.9.2 und Abb. 2.7) wird in der Regel durch Banken oder Versicherungen erstellt.

Das Aufstellen eines Finanzierungsplanes durch den Architekten wäre eine Besondere Leistung.

2.9   Finanzierung

Die Finanzierung eines Bauobjektes ist auf den Bauherrn individuell abzustimmen, da sie von vielen Faktoren beeinflusst wird, z.B.:

– Ist der Bauherr selbst Nutzer oder Anleger?
– Handelt es sich um eine einzelne Person oder eine Gesellschaft?
– Welche Einkünfte und Abschreibungsmöglichkeiten hat der Bauherr?
– Welche Förderungen können genutzt werden?
– Wie hoch sind die Eigenmittel, Einkünfte etc.?
– Für welchen Zeitraum ist die Nutzungsdauer bzw. Abschreibung anzusetzen?

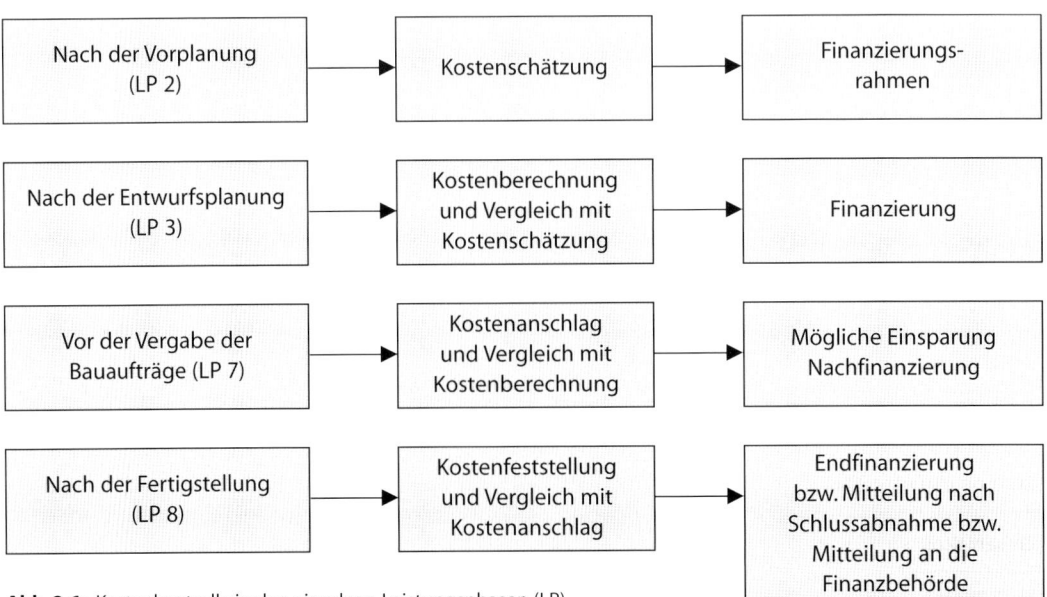

Abb. 2.6: Kostenkontrolle in den einzelnen Leistungsphasen (LP)

2.9.1 Kostenkontrolle

Die Finanzierung ist immer den Gesamtkosten gegenüberzustellen, um zu kontrollieren, inwieweit sie noch den aktuellen Kosten entspricht. Diese Kontrolle ist unbedingt in den entsprechenden Objektphasen (Leistungsphasen) durchzuführen (siehe Abb. 2.6).

Objekt (Kurzbezeichnung):					
1. Fremdmittel	Zins %	Tilgung %	Zins Euro	Tilgung Euro	Nominal Euro
I. Hypothek					
II. Hypothek					
Bausparvertrag (Darlehen)					
Arbeitgeber- darlehen					
Öffentliches Darlehen					
Summe Fremdmittel					
2. Eigenmittel					
– Grundstück					
– Barmittel					
– Sparguthaben					
– Wertpapiervermögen (Aktien)					
– Bausparverträge Ansparsumme					
– Eigenleistung					
– Reserven für Unvorhergesehenes					
Summe Eigenkapital					
Gesamtkosten					

Abb. 2.7: Muster eines Finanzierungsplanes

2.9.2 Finanzierungsplan

Der Finanzierungsplan (siehe Abb. 2.7) wird in der Regel von einem Kreditinstitut erstellt. Die Mitwirkung bei Aufstellung des Finanzierungsplanes durch den Architekten gilt nach HOAI als Besondere Leistung der Leistungsphase 2 und muss besonders honoriert werden.

2.10 Genehmigungsfähigkeit

Die Genehmigungsfähigkeit ist vom Architekten oder vom Bauherrn in der Leistungsphase 2 aufgrund der ermittelten Grundlagen zu klären.

Viele Kommunen (Städte und Gemeinden) haben zur Feststellung der Genehmigungsfähigkeit eine Servicestelle, die *Bauberatung* eingerichtet. Ansonsten können bezüglich der Genehmigungsfähigkeit des Objektes auch Auskünfte bei der Bauaufsicht bzw. dem Bauplanungsamt eingeholt werden.

Zur Feststellung der Genehmigungsfähigkeit sollten alle Unterlagen aus der Grundlagenermittlung als Basis vorgelegt werden, d.h.:

– Lageplan (Auszug aus dem Katasterplan) mit Angaben zu den Eigentumsverhältnissen und Lagebezeichnungen, wie Gemarkung, Flur, Flurstück, genaue Adresse
– Angaben über das zu planende Objekt in Art und Maß der baulichen Nutzung
– erste Vorentwurfsskizzen
  Der Architekt klärt seinen Fragenkatalog bezüglich der Genehmigungsfähigkeit bzw. eventuell beabsichtigter Abweichungen vom Bebauungsplan.

2.10.1 Bauberatung

Die Beratungsstelle gibt Hilfeleistung „*nach besten Wissen und Gewissen*". Die Beratung ist unverbindlich und für „Hilfe wird nicht gehaftet".

Der Wert der Beratung besteht in der

– Entlastung des späteren Sachbearbeiters
– Hilfe für den Bauherrn und Architekten, ein reibungsloses Genehmigungsverfahren zu bewirken und die größte Wahrscheinlichkeit, die Baugenehmigung zu erhalten.

Die Ergebnisse dieser Beratungen sollten zum Schutz und zur Klarheit für den Architekten und den Bauherrn in einer Aktennotiz festgehalten werden. Die Aktennotiz sollte von den Beteiligten durch Unterschrift anerkannt sein bzw. der beratenden Behörde nachweislich zugegangen sein.

Wichtige Aktennotizen sind später Teile der Baudokumentation.

2.10.2 Aktennotiz

Wie schon im Bezug auf die Bauberatung erwähnt, sollte von jeder wichtigen Besprechung eine Aktennotiz angefertigt werden (auf keinen Fall sind mehrere Aktennotizen mit unterschiedlichen Interpretationen zu verfassen).

Eine Aktennotiz sollte folgende Bestandteile enthalten:

- Briefkopf des Erstellers
- genaue Bezeichnung des Objektes
- Datum der Besprechung
- Teilnehmer der Besprechung
- alle besprochenen Punkte
- Besprechungspunkte sind fortlaufend zu nummerieren.
  Bei Wiederholungsbesprechungen (Jour-fix-Termine) verbleiben die
  Punkte so lange im Protokoll, bis sie erledigt sind.
- Ergebnisse, die mit den Beteiligten vor Niederschrift abgestimmt wurden.
- Festhalten, wer was, bis wann zu erledigen hat
- Erstellungsdatum und Unterschrift des Erstellers.

2.10.3 Bauvoranfrage

Bei Bauvorhaben, für die von der Beratungsstelle hinsichtlich der
Genehmigungsfähigkeit keine eindeutige Aussage gemacht werden kann,
ist beim Bauaufsichtsamt eine Bauvoranfrage schriftlich einzureichen.

Die einzureichenden Unterlagen sind:

- Lageplan
- Vorentwurfszeichnungen in dem Umfang, der ermöglicht, das Objekt hin-
  sichtlich seiner Genehmigungsfähigkeit zu beurteilen. In der Regel:
  Ansichten, Schnitte, Grundrisse.
- kurze Baubeschreibung
- Formulierung der zu klärenden Fragen.

Die Voranfrage gibt die offizielle und verbindliche Antwort auf offene Fragen
hinsichtlich der Genehmigungsfähigkeit. Die Fragen sind mit dem Bauaufsichtsamt vor Einreichung abzustimmen.

Die Gebühr für die Voranfrage ist verhältnismäßig gering im Vergleich zur
späteren Genehmigungsgebühr, deren Zahlung bei Ablehnung der Voranfrage
vermieden wird bzw. bei Genehmigung auf die später zu stellende Baugenehmigung angerechnet wird.

2.11 Am Bau Beteiligte

Architekt

Die Berufsbezeichnung *Architekt* (Stadtplaner, beratender Ingenieur) ist im
Gesetz über die Schutz-/Berufsbezeichnung definiert. Architekt darf sich nur
nennen, wer in die Architektenliste eingetragen ist. Diese Liste führt die
Architektenkammer; über Eintragung und Löschung entscheidet der Eintra-
gungsausschuss.

In die Liste wird auf Antrag eingetragen, wer

- die Ausbildung an einer deutschen Hochschule mit Erfolg abgeschlossen
  hat
- eine mindestens zweijährige praktische Tätigkeit ausgeübt hat

– Lehrer an einer Hochschule (der Fachrichtung) ist
– Befähigung zum höheren oder gehobenen bautechnischen Verwaltungs-
  dienst hat.

Aufgaben und Pflichten

Die Auflagen (Leistungen) der Architekten und Ingenieure sind in der HOAI
(siehe 1.5) genau beschrieben und abgegrenzt.

In der HOAI wird nach Grundleistungen (die zur ordnungsgemäßen Erfüllung eines Auftrages erforderlich sind) und nach Besonderen Leistungen
unterschieden. So ist z.B. die zeichnerische Darstellung eine Grundleistung,
das Erarbeiten von Modellen eine Besondere Leistung. Alle Leistungskataloge
der am Bau Beteiligten sind nach Grundleistungen und Besonderen Leistungen aufgeteilt, was für die Vergütung notwendig ist, da jede Besondere Leistung auch besonders zu vergüten ist.

Der Architektenvertrag ist ein Werkvertrag, d.h., die Grundlage hierfür ist das
Werkvertragsrecht des BGB (§§ 631 bis 651). Hier sind die rechtlichen
Grundlagen für Vergütung, Haftung, Verjährung und Abnahme etc. festgelegt.

Architekten und Ingenieure sind verpflichtet zur Erstellung des versproche-
nen Werkes:

– nach den genehmigten Bauvorlagen
– nach den öffentlich-rechtlichen Vorschriften
– nach den allgemein anerkannten Regeln der Baukunst und Technik (das
  Bauwerk muss für den Gebrauch tauglich und darf nicht mit Fehlern
  behaftet sein)

zu planen und zu bauen.

Bei genehmigungsfreien Wohngebäuden (siehe 4.3.2) müssen vor Baubeginn
Nachweise von Sachverständigen (siehe 4.6.3) aufgestellt werden:

– über die Standsicherheit
– über den Schall- und Wärmeschutz
– über den Brandschutz.

Die Vergütung für die Sachverständigen erfolgt in Nordrhein-Westfalen nach
der Sachverständigenverordnung (SV-VO).

Haftung

Die vertragliche Haftung des Architekten (Ingenieurs) wird durch die Verjährung auf fünf Jahre begrenzt und beginnt mit der Abnahme.

Die Verjährungsfrist für Mängelansprüche gegenüber dem Unternehmer
beträgt, wenn die VOB Vertragsgrundlage ist (und nichts anderes vereinbart
wurde), nach § 13 Nr. 4 VOB Teil B vier Jahre (früher zwei Jahre).

Der Architekt (Ingenieur) kann durch einen Fehler in der Aufsicht bei einem
Ausführungsfehler des Unternehmers mit in die (gesamtschuldnerische) Haftung genommen werden.

Tritt der Mangel erst nach mehr als vier Jahren auf, so kann der Bauherr nur noch den Architekten für den Schaden in Anspruch nehmen. Es empfiehlt sich deshalb, die Verjährungsfrist möglichst einheitlich zu gestalten.

Ist ein Mangel bei der Abnahme arglistig verschwiegen worden (wenn der Auftragnehmer einen ihm bekannten Mangel dem Auftraggeber bei der Abnahme verschweigt), beträgt die Verjährungsfrist 30 Jahre.

Leistungsbild des Architekten (Grundleistungen Gebäude) nach § 15 HOAI

Leistungsphasen	Prozentsatz des Honorars
1. Grundlagenermittlung Ermitteln der Voraussetzung zur Lösung der Bauaufgabe durch die Planung	3 %
2. Vorplanung (Projekt- und Planungsvorbereitung) Erarbeiten der wesentlichen Teile einer Lösung der Planungsaufgabe	7 %
3. Entwurfsplanung (System- und Integrationsplanung) Erarbeiten der endgültigen Lösung der Planungsaufgabe	11 %
4. Genehmigungsplanung Erarbeiten und Einreichen der Vorlagen für die erforderlichen Genehmigungen oder Zustimmungen	6 %
5. Ausführungsplanung Erarbeiten und Darstellen der ausführungsreifen Planungslösung	25 %
6. Vorbereitung der Vergabe Ermitteln der Mengen und Aufstellen von Leistungs- verzeichnissen	10 %
7. Mitwirkung bei der Vergabe Ermitteln der Kosten und Mitwirkung bei der Auftragsvergabe	4 %
8. Objektüberwachung (Bauüberwachung) Überwachen der Ausführung des Objektes	31 %
9. Objektbetreuung und Dokumentation Überwachen der Beseitigung von Mängeln und Dokumentation des Gesamtergebnisses	3 %
Summe:	100 %

Besondere Leistungen

Besondere Leistungen des Architekten (Ingenieurs) laut HOAI sind Leistungen, die über die Grundleistungen hinausgehen oder an deren Stelle treten. Sie sind besonders zu honorieren und vorher besonders zu vereinbaren. Dazu gehören z.B.:

– Durchführen einer Voranfrage (Bauanfrage) bei der Behörde
– Aufstellen eines Finanzierungs- und Wirtschaftlichkeitsplanes (Leistungsphasen 2 und 3)
– Anfertigen von Perspektiven und Modellen
– Unterstützen des Bauherrn bei gerichtlichen Angelegenheiten
– Ändern von Planungs- oder auch Genehmigungsunterlagen ohne Verschulden des Architekten
– Leistungen nach der Übergabe des Bauobjektes
– ergänzende Planungen zur Reduzierung von Schadstoffen und des Energieverbrauchs.

Architektenvertrag, Vollmacht

Der Architektenvertrag (Ingenieurvertrag) kann *nicht* in beliebiger Rechtsform abgeschlossen werden. Er muss den folgenden Grundlagen (Gesetzen und Verordnungen) entsprechen:

– dem Werkvertragsrecht (§ 631 bis 651 BGB)
– dem AGB-Gesetz (Gesetz zur Regelung des Rechts der allgemeinen Geschäftsbedingungen) – hiernach nicht zulässig z.B.: Verkürzung der Verjährungsfrist, Haftungsausschlüsse
– der HOAI – sie ist als Rechtsverordnung bindend und muss angewendet werden.

Der Vertrag soll die Interessen beider Parteien voll und ganz vertreten, d.h. eindeutig und für beide Parteien im gleichen Sinne zu verstehen sein.

Aus den Erfahrungen der Beziehungen zwischen Architekten und Bauherren haben sich in den letzten Jahren Vertragsvorlagen entwickelt, die immer wieder aktualisiert wurden. Die neueste zu empfehlende Fassung, HOAI-Vertrag, finden Sie als Muster im Anhang dieses Werkes.

Im Architektenvertrag (Ingenieurvertrag) sollte Folgendes geregelt sein:

– Art des Objektes (Neubau, Erweiterung, Modernisierung)
– Umfang des Objektes (entsprechend den Leistungsphasen)
– Aufgaben des Bauherrn (Beauftragung der Fachingenieure, Abnahme der Bauleistung nach Beratung durch die Erfüllungsgehilfen etc.)
– Grundlagen des Honorars (Honorarsatz, anrechenbare Kosten, Besondere Leistungen, Nebenkosten, Zahlungen etc.)
– Urheberrecht (Veröffentlichung des Objektes durch den Bauherrn)
– Verlängerung der Bauzeit (Differenzen der hieraus entstehenden Mehrkosten für den Architekten)
– Haftung, Gewährleistung und Verjährung (Festlegung der Dauer und Höhe durch den Architekten)
– Haftpflichtversicherung (Festlegung der Deckungssummen)
– Vorzeitige Auflösung des Vertrages/Honorarfrage bei Kündigung

– Aufbewahrungspflichten (auch Regelung über Objektunterlagen, die der
  Bauherr bekommt; der Architekt muss die Bauunterlagen fünf Jahre auf-
  bewahren)
– Schlussbestimmungen (Honorarfestsetzung im Falle einer neuen HOAI)
– Zusätzliche Vereinbarungen (z.B. soll das Gebäude den Mindest- oder
  einen erhöhten Schallschutz erhalten).

Der Bauherr verpflichtet sich zur Bezahlung der vereinbarten Vergütung.

Der Architekt (Ingenieur) besitzt aufgrund seiner Berufstätigkeit gegenüber
den ausführenden Firmen keine Vertretungsvollmacht des Bauherrn. Er
braucht also, um rechtsgeschäftliche Tätigkeiten für den Bauherrn ausführen
zu können, eine *Vollmacht*, um z.B. Nachträge der ausführenden Firmen in
Auftrag zu geben, Terminverlängerungen zu gewähren (vor allen Dingen bei
Vertragsstrafe), Abnahmen von fertig gestellten Leistungen durchzuführen
etc.

Diese Vollmacht für den Architekten (Ingenieur) stellt der Bauherr aus
(Formular siehe Anhang), damit ihn dieser bei allen Verhandlungen mit den
Behörden und den Nachbarn vollgültig vertreten kann.

Schlichtungsausschuss

Bauprozesse werden am Landgericht geführt und schließen dort in den
meisten Fällen mit einem Vergleich ab.

Seit Bestehen der HOAI und der Architektenkammer gibt es den Schlichtungsausschuss, eine Einrichtung in der Kammer zur Schlichtung von Strei-
tigkeiten zwischen Bauherren und Architekten. Damit wird angestrebt, einen
gütlichen Vergleich zu erreichen und dadurch oft unnötige, aber immer
zeitraubende und für den Bau kostspielige Prozesse, zu vermeiden und die
schon große Zahl der Prozesse zu reduzieren.

Ein Schlichtungsverfahren bei der Architektenkammer erlaubt meistens eine
schnelle Regelung und führt oft zu einem für beide Parteien erträglichen Vergleich. Außerdem ist er kostensparend.

2.12 Checkliste zur Vorplanung

Leistungen	Grund-leistung	Besondere Leistung
1. Analyse der Grundlagen Eine für den Bauherrn verständlich gegliederte Darstellung der ermittelten Grundlagen	☐	
2. Klären wesentlicher Zusammenhänge in der Nutzung, den Kosten, der Gestaltung der Konstruktion, der Zeit, der planungsrechtlichen Auflagen	☐	
3. Aufstellen eines Zielkataloges in Raum und Funktionsprogramm bzw. Art, Umfang und Größe	☐	
4. Erarbeiten eines Planungskonzeptes Das Planungskonzept ist in folgender Hinsicht zu erarbeiten: – städtebaulich (Integration Umgebung) – gestalterisch (Planungsidee) – funktionell (Raumprogramm, Himmelsrichtung, Aussicht etc.) – technisch (haus- und tragwerkstechnisch etc.) – wirtschaftlich (Kosten/Nutzen) – energiewirtschaftlich und ökologisch Planungskonzept: – alternative Lösungsmöglichkeiten (gleiche Anforderung) – alternative Lösungen (verschiedene Anforderung)	☐	☐
5. Koordinieren (Integrieren) der Fachplaner (Sonderfachleiter) – Vermesser – Tragwerksplaner – Haustechniker – Gutachter Soweit in dieser Leistungsphase tätig, sind ihre Beiträge in das Planungskonzept einzuordnen.	☐	
6. Genehmigungsfähigkeit abgestimmt mit Planungsamt/Bauaufsichtsamt Dokumentation in: – Besprechungsnotiz bzw. – Stellen einer Bauvoranfrage	☐	☐

Leistungen	Grund-leistung	Besondere Leistung
7. Kosten und Finanzierung – Kosten nach DIN 276 (Ebene 1) überschlägig zu ermitteln – Finanzierungsplan für Finanzierungsträger aufstellen	☐	☐
8. Erläuterung der Vorplanung mündliche oder schriftliche Erläuterung der Pläne bzw. der Beiträge der sachverständigen Ingenieure (Form ist nicht festgelegt).		☐
9. Bestandsaufnahme bei vorhandener Bebauung		☐
10. Perspektive/Modelle		☐
11. Zeit- und Organisationsplan		☐
12. Unterstützen des Bauherrn bei gerichtlichen Angelegenheiten		☐
13. Ändern von Planungs- oder auch Genehmigungsunterlagen ohne Verschulden des Architekten, Leistungen nach der Übergabe des Bauobjektes		☐
14. Ergänzende Planungen zur Reduzierung von Schadstoffen und des Energieverbrauchs		☐

☐ steht bei der jeweiligen Leistungsart.

Die Checkliste ist nach dem Objekt abzustimmen und zwischen den Vertragspartnern zu vereinbaren.

(Diese Vorlage erhebt keinen Anspruch auf Vollständigkeit.)

3 Entwurf

Der Entwurf ist die endgültige Festlegung der Bauplanung nach den Vorstellungen des Bauherrn, unter Einbeziehung der Angaben der Fachingenieure und der Vorgaben des Bauaufsichtsamtes.

Die zeichnerische Darstellung erfolgt in der Regel im Maßstab 1 : 100.

3.1 Anforderungen an den Entwurf

Nach dem Entwurf soll die Ausführungsplanung ohne große Änderungen fortgeführt werden. Er muss folgende Anforderungen erfüllen:

– Einfügung in die Umgebung
– Gestaltung der Räumlichkeiten
– funktionsgerechtes Bauen
– bauphysikalisch richtige Lösung
– tragkonstruktiv und gebäudetechnisch gute Lösung
– Realisierung im Kostenrahmen
– Beachtung der ökologischen Gesichtspunkte
– Genehmigungsfähigkeit nach LBO.

3.2 Verbindlichkeit und Vollständigkeit des Entwurfes

Die Entwurfspläne sind verbindlich und werden zur Baugenehmigung vollständig beim Bauaufsichtsamt eingereicht.

Der Architekt verpflichtet sich (durch Unterschrift), das Objekt nach den genehmigten Plänen (vom Bauherrn unterschrieben) zu errichten. Änderungen des Entwurfes sind nur mit beiderseitiger schriftlicher Zustimmung möglich.

Der Architekt ist für die Genehmigungsfähigkeit des Entwurfes verantwortlich, d.h., der Entwurf muss in seiner zeichnerischen Darstellung und Vermaßung alle zur Genehmigung notwendigen Punkte enthalten.

3.3 Entwurfsplanung nach HOAI, Leistungsphase 3

Die Entwurfsplanung wird in der HOAI in folgende Teilleistungen gegliedert:

– Durcharbeiten des Planungskonzeptes (der Vorplanung)
– Integrieren der an der Planung fachlich Beteiligten
– Objektbeschreibung

– Zeichnerische Darstellung im Hinblick auf folgende Aspekte:
  • städtebauliche
  • gestalterische
  • funktionale
  • technische, bauphysikalische
  • wirtschaftliche
  • energiewirtschaftliche
  • landschaftsökologische

– Verhandlungen mit Behörden und Fachplanern über Genehmigungsfähigkeit
– Kostenberechnung / Kostenkontrolle

Besondere Leistungen sind in dieser Phase u.a.:

– Wirtschaftlichkeitsberechnung
– Kostenberechnung durch Aufstellung von Mengengerüsten oder eines
  Bauelementekataloges

3.3.1 Durcharbeiten des Vorplanungskonzeptes

Im Entwurf als Weiterentwicklung der Vorplanung sind alle Ergebnisse der
Entwurfsplanung einzuarbeiten:

– Resultate der Überlegungen des Bauherrn
– Ergebnisse der Fachingenieure
– Verhandlungsergebnisse mit den Behörden über die Genehmigungsfähig-
  keit (Voranfrage)
– Prüfung des finanziell Machbaren durch Abgleich der Kostenschätzung
  mit dem Finanzierungsrahmen, erstellt durch den Finanzierungsträger

3.3.2 Zeichnerische Darstellung des Gesamtobjektes

Der Entwurf ist darzustellen in den:

– Grundrissen (alle Geschosse) mit allen notwendigen Maßen zur:
  • Berechnung der bebauten Fläche (GRZ)
  • Wohn- und Nutzflächenberechnung
  • Berechnung des umbauten Raumes
  • Bestimmung der Belichtungsflächen (Fenstergrößen)

– Ansichten (von allen Seiten) mit dem Verlauf des vorhandenen und
  geplanten Geländes
  • zur Geschossflächenberechnung
  • zur Abstandsflächenberechnung

– Schnitten (Anzahl nach Notwendigkeit) mit Angaben der Höhen zur:
  • Einfügung in die Umgebung (Firsthöhe, Traufhöhe)
  • Abstandflächenberechnung
  • Überprüfung der Vollgeschossigkeit ≥ GFZ
  • Überprüfung der notwendigen Kopfhöhen (Treppen)
  • Berechnung der Wohn- und Nutzfläche im Dachgeschoss
  • Darstellung in der Geländetopographie

Die Entwurfszeichnungen werden nach Fertigstellung von dem Vermessungsingenieur in den Lageplan übernommen, zur Überprüfung der GRZ, GFZ
und der Abstandflächen.

3.3.3 Objektbeschreibung

In der Objektbeschreibung wird die Entwurfsplanung erläutert bzw. dokumentiert, möglicherweise mit entsprechenden Besprechungsnotizen (mit der
Genehmigungsbehörde, dem Bauherrn, den Fachingenieuren).

3.3.4 Zusammenfassung der Entwurfsunterlagen

Die Zusammenfassung der Entwurfsunterlagen kann durch ein Anschreiben
an den Bauherrn erfolgen, in dem ihm alle Entwurfsunterlagen übergeben
werden. Hierbei sollte der Bauherr darauf hingewiesen werden, dass die Entwurfsplanung abgeschlossen ist und nunmehr mit der Ausführungsplanung
begonnen werden kann. Nach der Entwurfsplanung sind keine Änderungen
mehr möglich.

Die Entwurfsplanung wird in der Leistungsphase Genehmigungsplanung mit
den Genehmigungsunterlagen bei der Bauaufsicht zur Genehmigung eingereicht.

3.4 Kostenberechnung

Die Kostenberechnung ist die Fortführung (höhere Genauigkeit) der Kostenschätzung (siehe 2.7). Sie dient auch als Kontrolle, inwieweit die neu erarbeiteten Ergebnisse der Entwurfsplanung noch der Finanzierung entsprechen.
Möglicherweise sind preiswertere Alternativen mit dem Bauherrn abzustimmen oder der Bauherr müsste eine Nachfinanzierung erwägen.

An die Kostenberechnung wird eine höhere Anforderung hinsichtlich der
Genauigkeit gestellt (Abweichung < +/− 15 %). Sie dient als Grundlage für
die Entscheidung über die Entwurfsplanung. Auf Änderungen, die zu Mehrkosten führen, ist der Bauherr rechtzeitig hinzuweisen.

3.4.1 Kostenberechnung nach DIN 276, 2. Ebene

Die Kostenberechnung sollte entsprechend der DIN 276 gegliedert werden
(siehe hierzu 1.5 und 2.6). Im Folgenden sind die Kostengruppen (1. Ebene)
nach DIN 276 von 1993 aufgeführt und erläutert:

Kostengruppe 100 – Grundstück

Diese Kostengruppe beinhaltet Kosten, die im Zusammenhang mit dem
Grundstück entstehen oder entstanden sind. Zum Zeitpunkt der Entwurfsplanung liegen die Grundstücks- und Grundstücksnebenkosten zum Teil vor
oder können in der Genauigkeit der Kostenebene 3 (siehe 2.6) angegeben
werden.

Kostengruppe 200 – Herrichten und Erschließen

Die öffentlichen Erschließungskosten werden erhoben für die Ver- und Entsorgungsleitungen bis zur Grundstücksgrenze und sind bei *erschlossenen Grundstücken* nicht mehr zu berücksichtigen.

Die nichtöffentliche Erschließung bedeutet die Verlegung der Versorgungsleitung bis in das Haus. Mit dem Beantragen der Erschließung bei den Versorgungsträgern werden die Erschließungskosten von den Versorgungsträgern angeboten. Diese relativ genauen rechtsverbindlichen Angebote werden entsprechend übernommen.

Kostengruppe 300 – Bauwerk – Baukonstruktionen

Hierfür werden die Kosten (nach der Kostenfeststellung) von schon erstellten und vergleichbaren Objekten ausgewertet und mit den Mengenansätzen des zu planenden Objektes hochgerechnet. (Bitte beachten Sie hierzu 3.4.2 und 3.4.3.)

Kostengruppe 400 – Bauwerk – Technische Anlagen

Wie in Kostengruppe 300 werden auch hierfür die Kosten von vergleichbaren Objekten ausgewertet und hochgerechnet.

Kostengruppe 500 – Außenanlagen

Die Kosten für die Vegetation (begrünte Flächen) können nur nach einem Pflanzplan pauschal bewertet werden. Die Kosten für befestigte Flächen (Pflasterflächen) werden nach schon erstellten Objekten ausgewertet und nach den Mengenansätzen des geplanten Objektes hochgerechnet. Die Einfriedungen (Zäune, Mauern) werden nach dem Umfang der einzugrenzenden Flächen der entsprechenden Kosten hochgerechnet. Konstruktionen in Außenanlagen (Carports, Überdachungen) sind pauschal zu bewerten.

Kostengruppe 600 – Ausstattung und Kunstwerke

Ausstattungen sind Möbel (Einbauschränke, Wohnküchen) und Textilien (Vorhänge, Gardinen).

Unter Kunstwerken sind Skulpturen oder Brunnen zu verstehen, z.B. bei öffentlichen Gebäuden. Diese können nur pauschal bewertet werden.

Kostengruppe 700 – Baunebenkosten

In dieser Gruppe sind alle Honorare zu ermitteln, wie die des Architekten und der Fachingenieure, dazu auch alle Genehmigungsgebühren und Finanzierungskosten. Die Honorare können nach der HOAI ermittelt werden. Die Genehmigungskosten nach den Gebührentabellen des Bauaufsichtsamtes. Die Finanzierungskosten sind mit dem Finanzierungsträger abzustimmen.

Die Erfahrung zeigt, dass in jeder Kostengruppe Reserven für Unvorhergesehenes vorzusehen sind.

Als Beispiel einer Gliederung für die Kostenberechnung zeigt die Abbildung 3.2 eine praxisbezogene Gliederung nach Gewerken, wie sie in DIN 276 von 1993 unter 4.2 als Alternative zu den vorgegebenen Gliederungen vorsieht:

„Soweit es die Umstände des Einzelfalls zulassen (z.B. im Wohnungsbau) oder erfordern (z.B. bei Modernisierungen), können die Kosten vorrangig ausführungsorientiert gegliedert werden, indem bereits die Kostengruppen der ersten Ebene der Kostengliederung nach herstellungsmäßigen Gesichtspunkten unterteilt werden.

Hierfür kann die Gliederung in Leistungsbereiche entsprechend dem Standardleistungsbuch für das Bauwesen (StLB) – wie in Abschnitt 4.4 wiedergegeben – oder Standardleistungskatalog (StLK) oder eine Gliederung entsprechend anderen ausführungs- bzw. gewerkeorientierten Strukturen (z.B. Verdingungsordnung für Bauleistungen VOB Teil C) verwendet werden. Dies entspricht formal der 2. Ebene der Kostengliederung.

Im Falle einer solchen ausführungsorientierten Gliederung der Kosten ist eine weitere Unterteilung, z.B. in Teilleistungen, erforderlich, damit die Leistungen hinsichtlich Inhalt, Eigenschaften und Menge beschrieben und erfaßt werden können. Dies entspricht formal der 3. Ebene der Kostengliederung.

Auch bei einer ausführungsorientierten Gliederung sollten die Kosten in Vergabeeinheiten geordnet werden, damit die projektspezifischen Angebote, Aufträge und Abrechnungen mit den Kostenvorgaben verglichen werden können."

Abb. 3.1: Perspektive des Musterbauvorhabens (mit Südseite)

Bauherr:	Michael Mustermann		
Objekt:	Musterstraße		

Nr.	Kostengruppe	Teilbetrag €	Gesamtbetrag €
100	**Grundstück**		
110	Grundstückswert		
120	Grundstücksnebenkosten (Notar, Vermesser etc.)		
130	Freimachen (Freimachen von Belastungen, Abfindungen etc.)		
	Summe 100		
200	**Herrichten und Erschließen**		
210	Herrichten		
220	Öffentliche Erschließung		
230	Nichtöffentliche Erschließung		
240	Ausgleichsabgaben		
	Summe 200		
300	**Bauwerk – Baukonstruktionen**		
310	Erdarbeiten		
320	Rohbau		
330	Dach		
340	Edelrohbau		
350	Bauelemente		
360	Ausbau		
370	Baukonstruktive Einbauten		
390	Sonstige Maßnahmen für Baukonstruktionen		
	Summe 300		
400	**Bauwerk – Technische Anlagen**		
410	Sanitär		
420	Heizung		
430	Lüftung		
440	Elektroinstallationen		
450	Fernmelde- und informationstechnische Anlagen		
460	Förderanlagen (Aufzug)		
490	Sonstige Maßnahmen für technische Anlagen		
	Summe 400		

Abb. 3.2a: Kostenberechnung nach DIN 276 von 1993 (gewerkebezogen), 2. Ebene

Nr.	Kostengruppe	Teilbetrag €	Gesamtbetrag €
500	**Außenanlagen**		
510	Geländeflächen		
520	Befestigte Flächen		
530	Einfriedung		
540	Technische Anlagen in Außenanlagen		
550	Einbauten in Außenanlagen		
590	Sonstige Maßnahmen für Außenanlagen		
	Summe 500		
600	**Ausstattung und Kunstwerke**		
610	Möbel (Wohnküchen, Büromöbel)		
620	Textilien (Gardinen)		
	Summe 600		
700	**Baunebenkosten**		
710	Bauherrenaufgaben		
720	Vorbereitung der Objektplanung		
730	Architekten- und Ingenieurleistungen		
740	Bauphysik, Vermesser		
770	Baugenehmigung, Prüfung		
790	Sonstige Baunebenkosten		
	Summe 700		

Zusammenstellung der Kosten

Kostengruppen		Teilbetrag €	Gesamtbetrag €
Summe 100	Grundstück		
Summe 200	Herrichten und Erschließen		
Summe 300	Bauwerk – Baukonstruktionen		
Summe 400	Bauwerk – Technische Anlagen		
Summe 500	Außenanlagen		
Summe 600	Ausstattung und Kunstwerke		
Summe 700	Baunebenkosten		
	zur Abrundung		
Geschätzte Gesamtkosten			

Abb. 3.2b: Kostenberechnung nach DIN 276 von 1993 (gewerkebezogen), 2. Ebene

3.4.2   Auswertung der Baukostenfeststellung

Das folgende Beispiel zeigt eine Aufstellung, nach deren Muster die Auswertung der Baukostenfeststellung nach Gewerken – unter Berücksichtigung der verschiedenen Bezugseinheiten – ausgewertet werden kann.

Beispiel:

1. $$\frac{\text{Gesamtkosten der Erdarbeiten}}{\text{Kubikmeter Aushub der Baugrube}}$$

2. $$\frac{\text{Gesamtkosten Rohbau}}{\text{Kubikmeter umbauter Raum}}$$

3. $$\frac{\text{Gesamtkosten Verblendmauerwerk}}{\text{Quadratmeter Fassade}}$$

4. $$\frac{\text{Gesamtkosten Putz}}{\text{Quadratmeter Wände}}$$

5. $$\frac{\text{Gesamtkosten Fenster}}{\text{Quadratmeter Fenster}}$$

6. $$\frac{\text{Kosten der Dächer}}{\text{Quadratmeter der Dächer}}$$

7. Konstruktive Einbauten (Treppen) nach Stück bewerten

3.4.3   Schlüssel für die Baukostenaufstellung

Für die Aufstellung der Baukosten hat das Baukosteninformationszentrum (BKI) nach Erfahrungen am Bau gewisse Schlüssel entwickelt, nach denen die aktuellen Prozentsätze für einzelne Leistungsbereiche zugrunde gelegt werden können.

Die folgende Abbildung 3.3 zeigt ein Beispiel aus dem Wohnungsbau für Ein- und Zweifamilienhäuser mittleren Standards, unterkellert, und zwar die Schlüssel für den Rohbau, den Ausbau und die Gebäudetechnik. Die Grundlage dafür ist: umbauter Raum × Ausgangs-(Grund-)Preis.

LB	Leistungsbereiche	von	€/m² BGF	bis	von	% an 300+400	bis
000	Baustelleneinrichtung incl. 001	0	12	24	0,0	1,4	2,8
002	Erdarbeiten	10	22	34	1,2	2,7	4,1
006	Verbau-, Ramm-, Einpressarbeiten	–	–	–	–	–	–
009	Entwässerungskanalarbeiten	0	3	8	0,0	0,4	1,0
010	Dränarbeiten	0	1	2	0,0	0,1	0,2
012	Mauerarbeiten	71	102	134	8,4	12,2	15,9
013	Beton- und Stahlbetonarbeiten	100	126	152	12,0	15,1	18,1
014	Natur- und Betonwerksteinarbeiten	0	10	24	0,0	1,2	2,9
016	Zimmer- und Holzbauarbeiten	29	76	128	3,5	9,1	15,2
017	Stahlbauarbeiten	0	1	2	0,0	0,1	0,2
018	Abdichtungsarbeiten gegen Wasser	1	5	9	0,1	0,6	1,1
020	Dachdeckungsarbeiten	11	28	46	1,3	3,4	5,5
021	Dachabdichtungsarbeiten	0	6	21	0,0	0,7	2,5
022	Klempnerarbeiten	4	19	36	0,5	2,3	4,2
	Rohbau	**378**	**412**	**446**	**45,1**	**49,1**	**53,2**
023	Putz- und Stuckarbeiten	24	48	72	2,9	5,7	8,6
024	Fliesen- und Plattenarbeiten	23	35	47	2,7	4,1	5,5
025	Estricharbeiten	4	11	18	0,5	1,3	2,1
027	Tischlerarbeiten	48	88	127	5,8	10,5	15,2
028	Parkett-, Holzpflasterarbeiten	1	13	25	0,1	1,5	2,9
030	Rollladenarbeiten, Sonnenschutz	1	7	12	0,1	0,8	1,5
031	Metallbau-, Schlosserarbeiten incl. 035	7	21	36	0,8	2,5	4,3
032	Verglasungsarbeiten incl. 029	0	37	75	0,0	4,5	9,0
034	Maler- und Lackiererarbeiten incl. 037	16	24	32	1,9	2,8	3,8
036	Bodenbelagsarbeiten	2	10	18	0,3	1,2	2,1
039	Trockenbauarbeiten	–	1	–	–	0,1	–
	Ausbau	**255**	**294**	**334**	**30,4**	**35,1**	**39,8**
040	Heizungs- und Wassererwärmungsanlagen	28	48	67	3,3	5,7	8,0
042	Gas- und Wasserinstallationsarbeiten	6	21	36	0,7	2,5	4,3
043	Druckrohrleitungen für Gas, Wasser und Abwasser	–	–	–	–	–	–
044	Abwasserinstallationsarbeiten – Leitungen	–	11	22	–	1,3	2,6
045	Gas-, Wasser-Einrichtungsgegenstände incl. 046	4	14	23	0,5	1,6	2,7
047	Wärme- und Kältedämmarbeiten an Anlagen	0	2	4	0,0	0,2	0,5
049	Feuerlöschanlagen, -geräte	–	–	–	–	–	–
050	Blitzschutz- und Erdungsanlagen	–	2	3	–	0,2	0,4
052	Mittelspannungsanlagen	–	–	–	–	–	–
053	Niederspannungsanlagen	16	26	36	1,9	3,1	4,3
055	Ersatzstromversorgungsanlagen incl. 056	–	–	–	–	–	–
058	Leuchten und Lampen	–	1	–	–	0,1	–
060	Elektroakustische Anlagen incl. 061, 063, 065	1	2	4	0,1	0,2	0,4
069	Aufzüge	–	–	–	–	–	–
070	Regelung, Steuerung HLS-Anlagen	0	4	14	0,0	0,5	1,6
071	Gebäudeautomation	–	–	–	–	–	–
074	RLT-Anlagen incl. 075, 076, 077, 078	–	0	–	–	0,0	–
	Gebäudetechnik	**95**	**129**	**162**	**11,4**	**15,3**	**19,3**
	Sonstige Leistungsbereiche incl. 008, 033, 051	0	4	13	0,0	0,4	1,6

Kostenstand: 1. Quartal 2002, incl. MwSt.

Abb. 3.3: Kostenkennwerte für Leistungsbereiche nach Standard-Leistungsbuch
(Quelle: BKI Baukosten 2002, Teil 1: Kostenkennwerte für Gebäude)

3.5   Wirtschaftlichkeitsberechnung

In der Wirtschaftlichkeitsberechnung werden die jährlichen Aufwendungen für ein Objekt mit den jährlichen Erträgen verglichen. Hier ist zu unterscheiden zwischen Eigennutzung oder Vermietung von Objekten.

Den Aufbau eines Wirtschaftlichkeitsplanes zeigt die Abbildung 3.4.

Die Summe der Aufwendungen ist in der Steuererklärung den Mieteinnahmen gegenüberzustellen. Soweit dieser Saldo negativ ist, mindert sich das zu versteuernde Einkommen.

Kapitalkosten	Euro	Anteil
Aufwendungen für Zinsen und Tilgung		Zinsen in % Tilgung in %
Kapitalkosten aus Finanzierungsplan		
Bewirtschaftungskosten (soweit vom Mieter nicht erstattet), z.B. Abwassergebühren, Grundsteuer		
Abschreibung (Nutzungsdauer 100 J.)		1 % der Gesamtkosten
Verwaltungskosten		
Mietausfall		2 % der Jahresmiete
Instandhaltungspauschale (Reparaturen)		$1 - 2 \in / m^2$
Summe Aufwendungen		
Erträge		
Kostenmiete pro Jahr und Monat zur Deckung der Aufwendungen		
Miete Kellergeschoss		
Miete Erdgeschoss		
Miete Obergeschoss		
Fördermittel		
Steuerliche Abschreibung		
Summe Erträge		

Abb. 3.4: Muster für den Aufbau eines Wirtschaftlichkeitsplanes

3.6   Am Bau Beteiligte

Tragwerksplaner

Der Tragwerksplaner wird vom Bauherrn direkt beauftragt. Bei der Auswahl ist der Architekt behilflich. Die Leistungen des Tragwerksplaners werden in §§ 62 bis 67 HOAI Teil VIII behandelt.

Das Leistungsbild des Tragwerksplaners ist in der HOAI unter § 64 analog zu der des Architekten gegliedert nach:

1. Grundlagenermittlung
   Klären der Aufgabenstellung

2. Vorplanung
   Erarbeiten des statisch-konstruktiven Konzeptes des Tragwerkes

3. Entwurfsplanung
   Erarbeiten der Tragwerkslösung mit überschlägiger statischer Berechnung (Festlegung des statischen Systems, Dimensionierung der Fundamente, Wand und Decken)

4. Genehmigungsplanung
   Anfertigen und Zusammenstellen der statischen Berechnung mit Positionspläne für die Prüfung

5. Ausführungsplanung
   Anfertigen der Tragwerksausführungszeichnungen (Schal- und Bewehrungspläne, Stahl- bzw. Holzkonstruktionspläne)

6. Vorbereitung der Vergabe
   Beitrag zur Mengenermittlung und zum Leistungsverzeichnis (Betonstahl, Stahl und Holz zum Rohbau-Leistungsverzeichnis)

Die Leistungsphasen (LP) 7 bis 9 sind beim Tragwerksplaner Besondere Leistungen.

Staatlich anerkannter Sachverständiger

Im Zuge der Vereinfachung und Beschleunigung von Genehmigungsverfahren ist in der Landesbauordnung von NRW 1995 der staatlich anerkannte Sachverständige eingeführt worden.

Die staatliche Anerkennung des Sachverständigen erfolgt nach Prüfverfahren, die in der Sachverständigenverordnung geregelt sind. In dieser Verordnung werden auch die Pflichten des Sachverständigen definiert.

Bei allen genehmigungspflichtigen Bauvorhaben sowie Wohngebäuden mit mehr als zwei Wohnungen sind bautechnische Nachweise von anerkannten Sachverständigen zu prüfen.

4 Baugenehmigung

Für die Baugenehmigung sind die Landesbauordnungen (LBO) der Länder maßgebend, d.h. der einzureichende Bauantrag wird nach der Landesbauordnung des Bundeslandes beurteilt, in dem das Objekt erstellt wird.

4.1 Bauaufsichtsbehörde

Bauaufsichtsbehörden sind:

– die oberste Bauaufsichtsbehörde, das zuständige Ministerium
– die obere Bauaufsichtsbehörde, Bezirksregierung und Landräte
– die untere Bauaufsichtsbehörde, Städte und Kreise

Die Aufgaben der Bauaufsicht sind:

– Überwachen und Erteilen der Baugenehmigung
– Überwachen der Baumaßnahme während der Erstellung, nach der Genehmigung bzw. der Landesbauordnung.

Die Überwachung erfolgt durch Bauzustandsbesichtigungen durch das ausführende Organ der Bauaufsicht *(Baupolizei)*. Die Bauzustandsbesichtigungen werden nach Notwendigkeit durchgeführt, in jedem Fall aber zur Rohbauabnahme und zur Fertigbauabnahme (Gebrauchsabnahme). Die *Baupolizei* kann z.B. bei Abweichung von Genehmigungen Baustellen stilllegen.

Ansprechpartner des Architekten bzw. des Bauherrn im Genehmigungsverfahren ist der entsprechende Sachbearbeiter der Bauaufsichtsbehörde. Alle mündlichen und schriftlichen Anträge gehen an ihn und werden über ihn eingereicht.

4.2 Genehmigungsverfahren

Das Bauaufsichtsamt beteiligt am Genehmigungsverfahren die zuständigen Fachämter, z.B.:

– das Planungsamt (für die städtebauliche Situation)
– das Gewerbeaufsichtsamt (bei Gewerbeobjekten)
– das Tiefbauamt (zur Genehmigung der Entwässerung, Erschließung)
– die Feuerwehr (zur Beurteilung des Brandschutzes)
– die untere Wasserbehörde (zur Minierung von Verrieselungs- oder Versickerungsanlagen).

Auch die Beteiligung der Nachbarn ist notwendig, z.B. wenn Baulasten eingetragen werden müssen. Ihnen werden vom Bauaufsichtsamt die Pläne vorgelegt. Sie müssen sich mit den entsprechenden Vorhaben einverstanden erklären.

Die Unterlagen des Bauantrages sind in der Regel zwei- bis dreifach einzureichen, je nach Status der Behörde (Gemeinde mit übergeordneter Kreisbehörde oder genehmigungsfähige Stadt).

Zur Beschleunigung des Genehmigungsverfahrens kann der Sachbearbeiter die Fachämter parallel beteiligen. Die Unterlagen dafür sind ebenfalls in entsprechender Anzahl einzureichen.

Ist der Bauantrag eingereicht, so kann bei Vorlage einer entsprechenden Teilbaugenehmigung mit dem Bau von einzelnen Bauteilen (Abbruch, Erdarbeiten etc.) schon begonnen werden.

Den genauen Ablauf des Genehmigungsverfahrens zeigt die Abbildung 4.1.

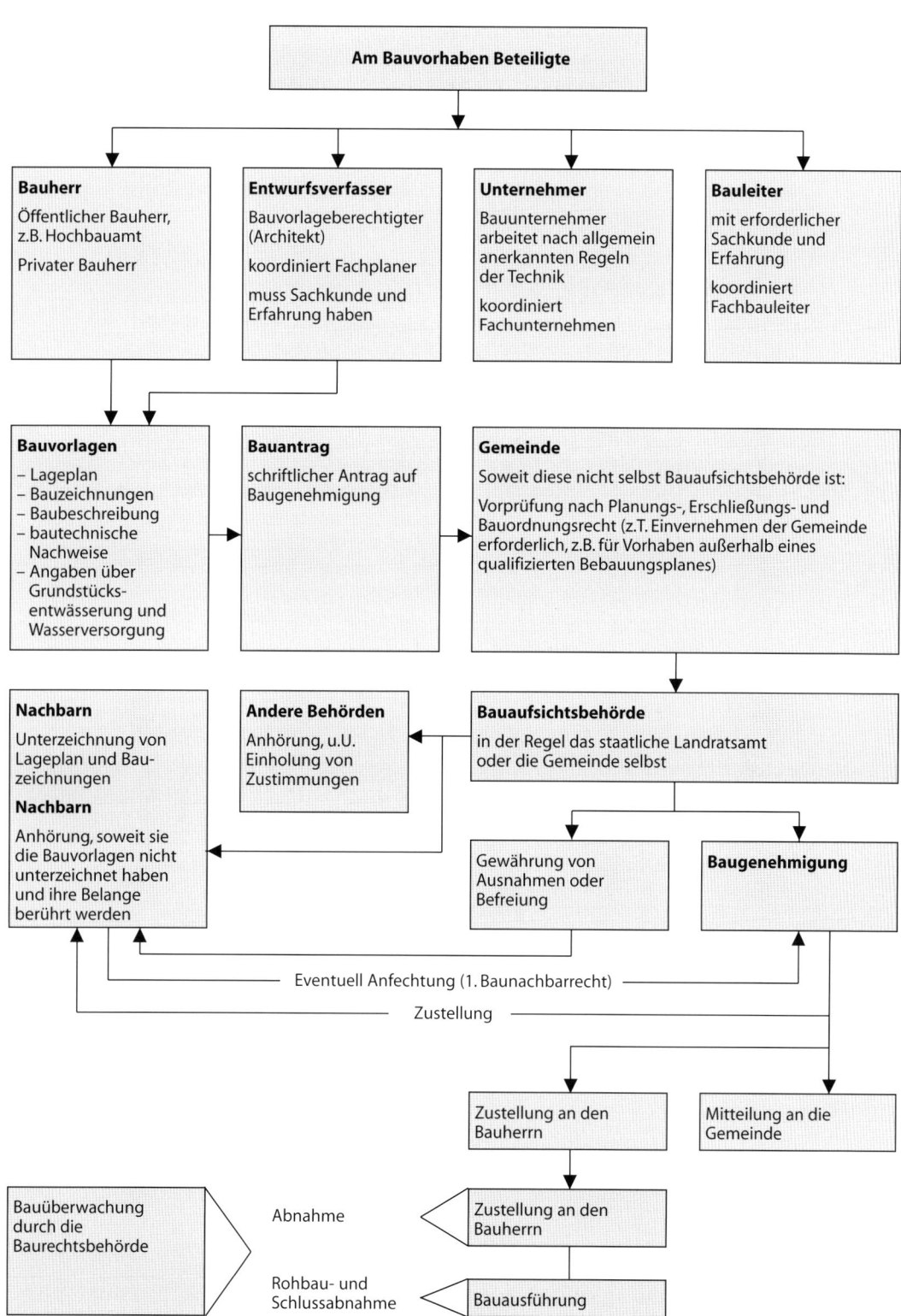

Abb. 4.1: Ablauf des Genehmigungsverfahrens mit allen Beteiligten

4.3   Notwendigkeit der Genehmigung

Für die Genehmigungsfreiheit und -bedürftigkeit werden hier wieder die Bestimmungen der Landesbauordnung NRW zugrunde gelegt. In anderen Landesbauordnungen kann es erhebliche Abweichungen geben. Architekten und Bauherren können diese Ausführungen daher lediglich als Anhaltspunkte nehmen und müssen sich bei Bauvorhaben in anderen Ländern mit den dortigen Bedingungen vertraut machen.

4.3.1   Genehmigungsfreie Vorhaben nach § 65 LBO NRW

Genehmigungsfreie Vorhaben sind vom Baugenehmigungsverfahren befreit und unterliegen nicht der Bauüberwachung. Dazu gehören z.B.:

– Gebäude im Innenbereich bis zu 30 m^3 Brutto-Rauminhalt (ohne Aufenthaltsräume, Ställe, Aborte oder Feuerungsstätten)
– Verkleidungen von Balkonbrüstungen
– Einfriedungen (Zäune etc.) bis zu 2 m Höhe
– nicht überdachte Stellplätze für Pkws (Carports sind genehmigungspflichtig)
– Aufschüttungen oder Abgrabungen bis zu 2 m Höhe und Tiefe (im Außenbereich Fläche > 400 m^2)
– Solarenergieanlagen auf oder an Gebäuden
– Änderungen, soweit sie nichttragende oder aussteifende Bauteile betreffen
– Veränderungen von Anstrich, Verputz, Dacheindeckung und Austausch von haustechnischen Anlagen.

4.3.2   Genehmigungsfreie Wohngebäude, Stellplätze und Garagen nach § 67 LBO NRW

Die Genehmigungsfreiheit ist in der LBO NRW auf folgende Baumaßnahmen (Errichtung und Änderung) beschränkt worden:

– Sie müssen innerhalb des Bebauungsplanes liegen und dürfen dem Bebauungsplan nicht widersprechen.
– Sie müssen – einschließlich ihrer Nebengebäude – von mittlerer oder geringer Höhe sein, d.h., die Aufenthaltsräume dürfen nicht höher als 22 m über der mittleren Gebäudeoberfläche liegen.
– Die Erschließung muss im Sinne des Baugesetzbuches gesichert sein.

Eine weitere Voraussetzung ist, dass die Gemeinde nicht innerhalb eines Monats nach Einreichen der Bauvorlage erklärt, dass ein Genehmigungsverfahren durchgeführt werden soll.

Im Wesentlichen sind dies alle Wohngebäude innerhalb eines Bebauungsplanes bis zur Hochhausgrenze (> 22 m).

Genehmigungsfreiheit bedeutet, es müssen von einem Bauvorlageberechtig-ten folgende Unterlagen (einfach) bei der Stadt bzw. Gemeinde eingereicht werden:

1. Lageplan
2. Berechnung des Maßes der baulichen Nutzung
3. Bauzeichnungen
4. Rechnerischer Nachweis über die Höhe des Fußbodens des höchst-gelegenen Aufenthaltsraumes
5. Erhebungsbogen
6. Entwässerungsanschluss
7. Bautechnische Nachweise

4.3.3 Vereinfachtes Baugenehmigungsverfahren nach § 68 LBO NRW

Das vereinfachte Genehmigungsverfahren wird, soweit das Verfahren nicht genehmigungsfrei ist durchgeführt für die Errichtung und Änderung von, z.B.:

– Wohngebäuden niedriger und mittlerer Höhe
– baulichen Anlagen und Räumen < 1.600 m^2
– Verkaufsstätten < 700 m^2
– Büro- und Verwaltungsgebäuden < 3.000 m^2
– Kirchen- und Verwaltungsstätten < 200 Personen
– Sportstätten < 1.600 m^2
– Garagen < 1.000 m^2 Nutzfläche
– Kindergärten < 2 Gruppen
– Gaststätten < 40 Gastplätze

Im Wesentlichen betrifft dies alle eingeschossigen Gebäude und Wohn-gebäude bis zur Hochhausgrenze.

Die beim genehmigungsfreien Verfahren bei der Stadt oder Gemeinde not-wendigen Unterlagen (siehe 4.3.2) sind bei diesem Verfahren in dreifacher Ausführung einzureichen. Darüber hinaus werden folgende zusätzliche Unterlagen ebenfalls benötigt:

– beglaubigter Auszug aus der Liegenschaftskarte/Flurkarte
– Auszug aus der Deutschen Grundkarte 1 : 5.000
– Baubeschreibung auf amtlichem Vordruck.

In einfacher Form werden benötigt:

– Berechnung des umbauten Raumes
– Herstellungskosten einschließlich Umsatzsteuer
– Bauvorlageberechtigung.

Die Bauaufsichtsbehörde hat über den Bauantrag innerhalb einer Frist von sechs Wochen nach Eingang zu entscheiden,

– wenn für das Vorhaben ein Bebauungsplan vorliegt,
– wenn für das Vorhaben ein Vorbescheid erteilt wurde.

Die Bauaufsichtsbehörde kann die Frist aus wichtigen Gründen bis zu sechs Wochen verlängern.

4.3.4   Genehmigungbedürftige Bauvorhaben nach § 63 LBO NRW

Bauvorhaben, deren Errichtung, Änderung, Nutzungsänderung nicht genehmigungsfrei sind bzw. nach dem vereinfachten Verfahren genehmigt werden, sind genehmigungsbedürftige Vorhaben, z.B.:

– alle Wohngebäude über 22 m (Hochhausgrenze)
– alle Wohngebäude im Außenbezirk
– alle Gebäudegrößen, die höher als zweigeschossig sind, z.B.:
  • Justizvollzugsanstalten, Schulen, Hochschulen etc.
  • Flughäfen und Bahnhöfe
  • Gewerbe- und Industriebauten mit Explosions- oder Brandgefahr
  • Sanatorien und Krankenhäuser
  • Kinder- und Pflegeheime.

Da bei diesem Verfahren die einzelnen Fachämter, wie Gewerbeaufsicht, untere Wasserbehörde etc., befragt werden und der vorbeugende Brandschutz geplant werden muss, gibt es hier keine Fristsetzung.

Folgende Unterlagen sind zusätzlich zu den beschriebenen Punkten in dreifacher Form einzureichen:

– Betriebsbeschreibung
– Dispensantrag (z.B. bei Abweichungen vom Bauantrag).

Zur Genehmigungsplanung gehören:

– Erarbeiten und Zusammenstellen der Genehmigungsunterlagen
– Einreichen der Unterlagen
– Vervollständigung und Anpassung der Genehmigungsunterlagen.

4.3.5   Ausnahmen und Befreiungen

Für die Erstellung der Bauvorlagen und das Genehmigungsverfahren gibt es einige Ausnahmeregelungen und Befreiungen:

Abweichungen von den allgemein anerkannten Regeln der Bautechnik und den technischen Vorschriften sind zulässig, wenn gleichwertige Lösungen nachgewiesen werden können. Befreiungen von Sollvorschriften der Bauordnung oder des Bebauungsplanes können gestattet werden, wenn diese zu einer unbilligen Härte führen würden oder das Wohl der Allgemeinheit die Abweichung erfordert.

Auch für die Beteiligung der Nachbarn gibt es Ausnahmeregelungen:

Bauvorhaben, die baurechtlich zulässig sind, können von Nachbarn nicht verhindert werden, jedoch können sie den Baufortschritt des Gebäudes erheblich behindern. Insofern sollten sich der Architekt und der Bauherr möglichst frühzeitig mit den Nachbarn in Verbindung setzen, um sich z.B. die Eintragung von Baulasten genehmigen zu lassen. Der Nachbar muss die entsprechende Bewilligung bzw. Genehmigung vor dem Bauaufsichtsamt bestätigen.

Mit dem Bauvorhaben darf einen Monat nach Eingang der Bauvorlagen bei der Gemeinde bzw. Stadt begonnen werden. Die Gemeinde bzw. Stadt teilt dem Bauherrn vor Ablauf mit, wenn kein Genehmigungsverfahren durchgeführt wird. Bei diesem Verfahren werden die Bauantragsunterlagen nur noch auf Vollständigkeit, nicht der Inhalt geprüft, d.h., die Verantwortung der Vorlageberechtigten ist gestiegen.

4.4 Wichtige Paragraphen der LBO NRW zu baulichen Anlagen

Die folgenden Paragraphen der LBO betreffen wichtige bauliche Anlagen, die bei Bauvorhaben besonders zu beachten sind.

Dritter Teil der LBO
Bauliche Anlagen

Alle **tragenden Bauteile,** wie Wände, Pfeiler, Stützen und Decken *müssen unbeschadet des § 17 Abs. 2 hinsichtlich ihres Brandverhaltens die Mindestanforderungen* der §§ 29 und 34 erfüllen.

Bedachungen *müssen gegen Flugfeuer- und strahlende Wärme widerstandsfähig sein (harte Bedachung), § 35.*

Notwendige Treppen und Flure dienen auch als Flucht- und Rettungswege, deshalb sind die Anforderungen der §§ 36 und 38 einzuhalten. Von notwendigen Treppenräumen (Treppenhaus) spricht man bei Wohngebäuden mittlerer Höhe mit mehr als zwei Wohnungen. Die Anforderungen sind in § 37 definiert.

Aufzüge sind durch einen Sachverständigen (TÜV) abzunehmen. Weitere Anforderungen enthält § 39.

§ 40 enthält u.a., dass Öffnungen in Fenstern, die als Rettungswege dienen, müssen im Lichten mindestens 0,90 × 1,20 m groß und nicht höher als 1,20 m über der Fußbodenkante angeordnet sein.

Notwendige **Geländer** (Umwehrungen) von Balkonen und Treppen müssen mindestens 90 cm hoch sein, § 41.

Haustechnische Anlagen sind in den §§ 42 bis 46 behandelt.

Aufenthaltsräume (Räume, die zum dauernden Aufenthalt von Personen dienen) müssen eine lichte Höhe von mindestens 2,40 m haben (Ausbau und Maßtoleranzen beachten!). Es müssen Fenster von mindestens einem Achtel der Grundfläche des Raumes vorhanden sein (Rohbauöffnung), § 48.

Wohnungen, § 49

– Wohnungen müssen durchlüftet werden können.
– Reine Nordlage aller Wohn- und Schlafräume ist unzulässig.
– Jede Wohnung muss mindestens eine Küche oder Kochnische haben sowie über einen Abstellraum verfügen.
– Der Abstellraum soll mindestens 6 m^2 groß sein.
– Im Geschosswohnungsbau sollen leicht erreichbare Abstellräume für Kinderwagen, Rollstühle etc. hergestellt werden.
– Gebäude mit mehr als zwei Wohnungen sollen ausreichend große Trockenräume haben.

– Jede Wohnung muss ein Bad mit Badewanne oder Dusche haben und eine
  Toilette. Fensterlose Bäder und Toiletten sind wirksam zu entlüften.
– In Gebäuden mit mehr als zwei Wohnungen müssen die Wohnungen eines
  Geschosses barrierefrei erreichbar sein. Weitere Einzelheiten dazu sind in
  § 49 (2) geregelt.

4.5   Bauvorlageberechtigung

Entsprechend der Landesbauordnung NRW § 70 sind bauvorlageberechtigt:

– Architekten, Architektinnen, die die Berufsbezeichnung aufgrund einer
  Bescheinigung der Architektenkammer führen dürfen
– Ingenieure und Ingenieurinnen der Fachrichtung Architektur und Bau-
  ingenieurwesen mit einer praktischen Tätigkeit von mindestens zwei
  Jahren
– Innenarchitekten und Innenarchitektinnen, die durch eine ergänzende
  Hochschulprüfung ihre Befähigung nachgewiesen haben, Gebäude gestal-
  tend zu planen, und zwei Jahre praktisch tätig waren
– wer die Befähigung zum höheren und gehobenen bautechnischen Ver-
  waltungsdienst besitzt
– Körperschaften des öffentlichen Rechts und Unternehmen unter der
  Leitung eines Bauvorlageberechtigten.

4.6   Bauvorlagen im Einzelnen

In den folgenden Abschnitten werden die einzelnen Bauvorlagen erläutert.

4.6.1   Berechnung des umbauten Raumes

Der umbaute Raum wird nach DIN 277 folgendermaßen berechnet:

– Länge × Breite des Baukörpers (Außenkante) × Höhe Unterkante Keller-
  boden bis Oberfläche Dachhaut.
– Nicht abgezogen werden Aussparungskörper wie Loggien, Freisitze (überdeckt), Dachterrassen (Dachausschnitte).
– Nicht abgezogen werden Fundamente, Kellerlichtschächte, Außentreppen,
  Eingänge, Erker, Dachgesimsüberstände, Dachgauben, Schornsteine.
  (Die vorgenannten Bauteile erscheinen bei den dafür besonders angegebenen Baukosten, ausgenommen normale Schornsteine, Dachüberstände
  und Fundamente.)
– Bei Bauten mit Flachdach wird anstatt mit der Außenkante Dachhaut mit
  der Oberkante der Ummauerung (Attika) gerechnet.

Ein nicht ausgebauter Dachraum wird zwar voll im Kubus (umbauter Raum)
erfasst, aber in der Baukostenaufstellung getrennt vom ausgebauten Dachraum aufgeführt und mit einem entsprechend geringen Kubuspreis berechnet
(siehe am Beispiel des Musterbauvorhabens im Anhang).

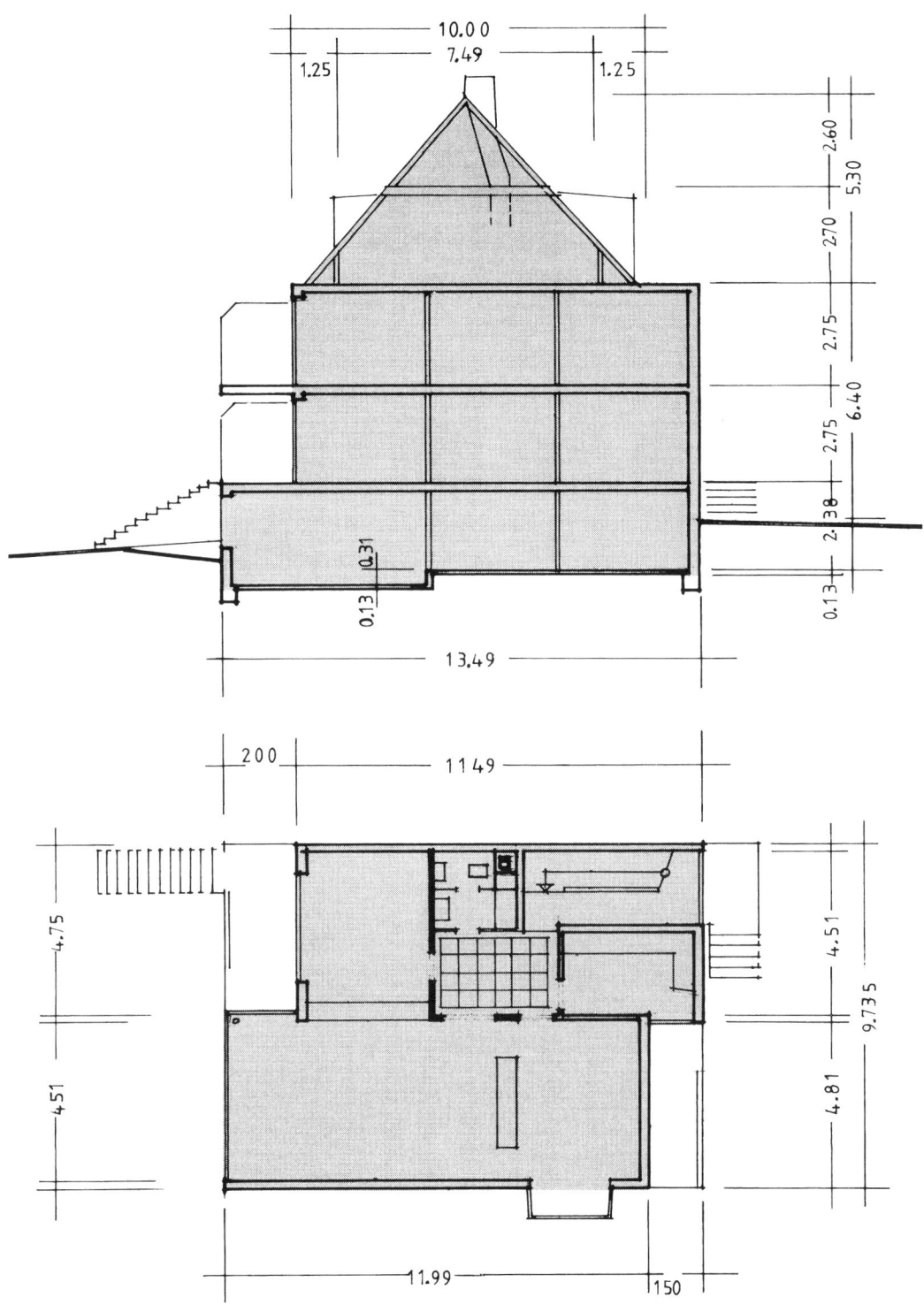

Abb. 4.2: Berechnung des umbauten Raumes

4.6.2   Wohnflächenberechnung

Die Wohnfläche eines Gebäudes wird nach der Zweiten Berechnungsverordnung folgendermaßen berechnet:

1. Die waagerechten Flächen sind aus ihren tatsächlichen Maßen, schräg liegende Flächen aus ihren senkrechten Projektionen auf die waagerechte Fläche zu berechnen, d.h., es werden Fertigmaße angesetzt. Die in den Ausführungen angegebenen Rohbaumaße werden um Abzüge von z.B. 3 % herabgesetzt.

2. Bei der Berechnung der Nettogrundrissfläche sind die Grundflächen von Räumen und Raumteilen unter Schrägen mit Lichten von 1,5 m und mehr sowie unter 1,5 m stets getrennt zu ermitteln.

3. Treppenräume werden nach Abschnitt 1 berechnet, soweit sie sich nicht mit anderen Grundflächen überschneiden. Grundflächen unter der jeweils ersten Treppe werden nach Abschnitt 2 berechnet.

4. Vor- und Rücksprünge an den Außenflächen, soweit sie die Nettogrundrissfläche nicht beeinflussen, bleiben unberücksichtigt (Sockelleisten, Fenster-/Türbekleidungen).

5. Grundflächen von Aufzugschächten und begehbaren Installationsschächten werden in jeder Grundrissebene, durch die sie führen, berechnet.

Als **Faustformel** für die überschlägige Ermittlung von Wohn- und Nutzflächen je Geschoss für den Vorentwurf gilt: bebaute Fläche abzüglich ca. 20 % für Mauerwerk und Treppenhaus im Mehrfamilienhaus, in Bürobauten etc. abzüglich 15 % für Mauerwerk und Treppenlauf im Einfamilienhaus.

Die Flächen im Dachgeschoss hängen im Wesentlichen von der Dachneigung, der Drempelausführung etc. ab.

4.6.3   Bautechnische Nachweise

Die bautechnischen Nachweise sind wichtige Unterlagen beim Genehmigungsverfahren. Im Folgenden wird dargestellt, was dabei zu beachten ist.

Schall- und Wärmeschutz

– Die Aufstellung des Nachweises für den Schallschutz erstellt der Architekt bzw. Bauingenieur nach DIN 4109 bzw. VDI 4100.
– Die Aufstellung des Wärmeschutznachweises erstellt der Architekt bzw. Bauingenieur nach DIN 4108 bzw. nach dem Energieeinsparungsgesetz.
– Die Prüfung (bzw. Aufstellung) erfolgt durch den staatlich anerkannten Sachverständigen für Schall- und Wärmeschutz vor Baubeginn. Bei Wohngebäuden mit weniger als zwei Wohnungen ist die Prüfung nicht vorgeschrieben.

WOHNFLÄCHEN-BERECHNUNG
UNTER DER DACHRAUMSCHRÄGE 1/100

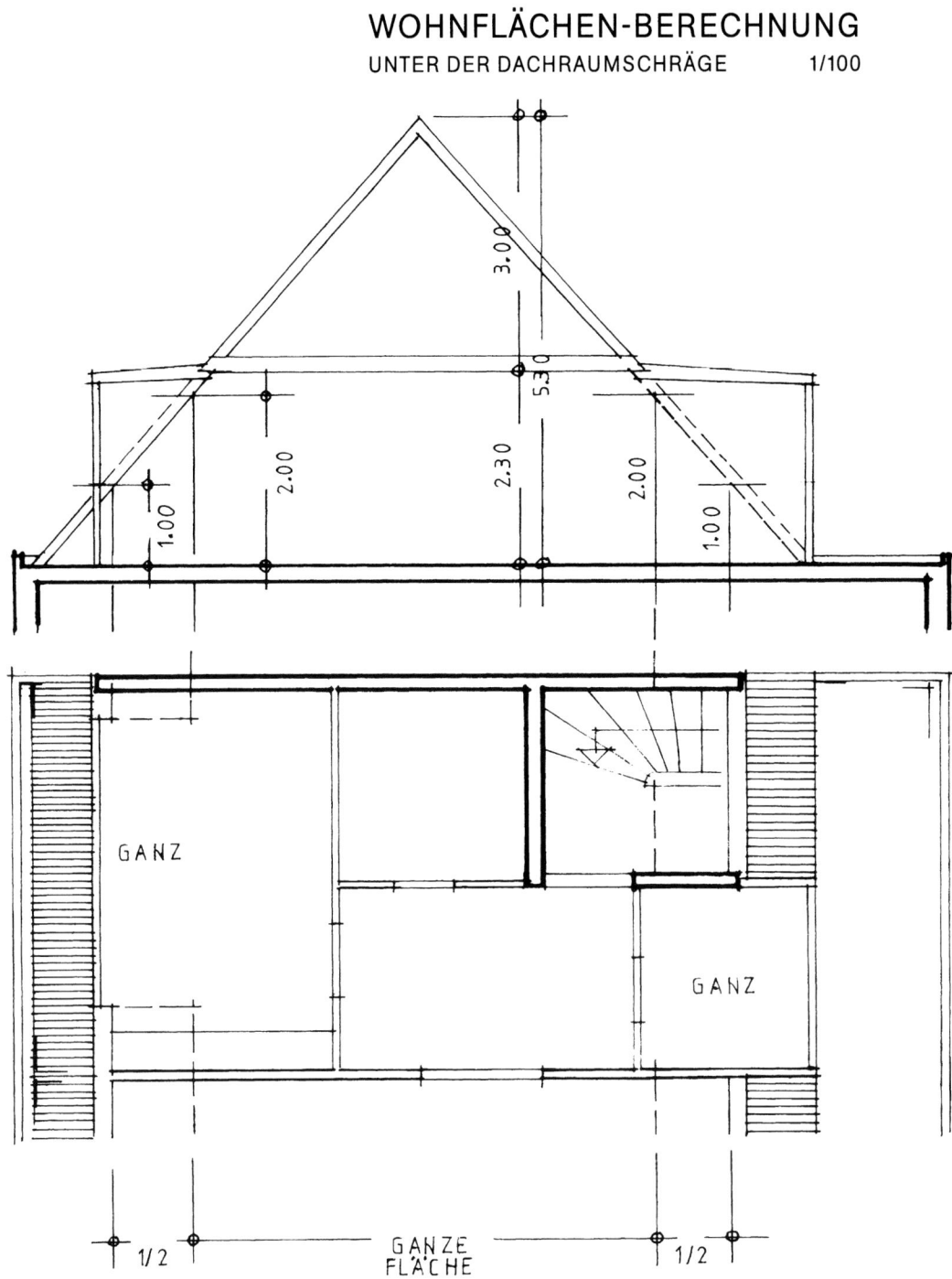

Abb. 4.3: Wohnflächenberechnung

Brandschutz

– Bei genehmigungsfreien Wohnanlagen genügt eine Erklärung zum Brandschutz des Architekten.
– Bei genehmigungspflichtigen Bauvorhaben erfolgt eine Aufstellung des Brandschutznachweises durch den Architekten bzw. Bauingenieur.
– Die Prüfung (bzw. Aufstellung) erfolgt durch den staatlich anerkannten Sachverständigen für Brandschutz vor Baubeginn.

Standsicherheit

– Die Aufstellung des Standsicherheitsnachweises erfolgt durch den Tragwerksplaner.
– Bei allen genehmigungspflichtigen Bauvorhaben bzw. bei Wohngebäuden mit mehr als zwei Wohnungen erfolgt die Prüfung (bzw. Aufstellung) durch den staatlich anerkannten Sachverständigen für Standsicherheit vor Baubeginn.

	Brandschutz	Schallschutz	Wärmeschutz	Standsicherheitsnachweis	Überwachung
Wohngebäude geringer Höhe bis zu 2 WE	Erklärung	ungeprüft	ungeprüft	ungeprüft	entfällt
Wohngebäude geringer Höhe > 2 WE	Erklärung	geprüft	geprüft	geprüft	erforderlich
Wohngebäude mittlerer Höhe	geprüft	geprüft	geprüft	geprüft	erforderlich
Dazugehörige Nebengebäude und Anlagen	Erklärung	entfällt	entfällt	entfällt	erforderlich
Garagen für WG < 100 m^2 bis 1.000 m^2	geprüft	entfällt	entfällt	geprüft	erforderlich
Freistehendes landwirtschaftliches Betriebsgebäude und Wohnteil	entfällt	ungeprüft	ungeprüft	geprüft	entfällt
Eingeschossiges Gebäude mit Aufenthaltsraum < 200 m^2	entfällt	geprüft	ungeprüft	geprüft	entfällt

Abb. 4.4: Tabellarische Darstellung der bautechnischen Nachweise

Bei Fertigstellung (vor Benutzung) des Bauobjektes müssen Bescheinigungen der Sachverständigen vorliegen, wonach sie sich durch stichprobenhafte Kontrollen während der Bauausführung davon überzeugt haben, dass die baulichen Anlagen entsprechend den geprüften Nachweisen errichtet worden sind.

Bei allen genehmigungspflichtigen Bauvorhaben sowie genehmigungsfreien Wohngebäuden mit mehr als zwei Wohnungen sind bautechnische Nachweise von den anerkannten Sachverständigen zu prüfen oder auch aufzustellen.

Die Abbildung 4.4 zeigt eine tabellarische Aufstellung aller bautechnischen Nachweise.

4.7   Checkliste zu den Unterlagen zur Baugenehmigung

Unterlagen	Erläuterungen	Bemerkungen
Plangut		
Lageplan M 1 : 250 bis 1 : 500 mit Orientierungsplan M 1 : 5.000	Grundlage: amtliche Flurkarte in der Regel vom Vermessungsingenieur Inhalt der Darstellung nach § 2 BauprüfVO	
Bauzeichnungen im M 1 : 100 nach § 3 BauprüfVO	Maße der Öffnungen, der Grundflächen und Höhen	
– Grundrisse aller Geschosse	Angaben: Nutzung der Räume, Treppen, Türen und Rettungswege, Abgasanlagen, Feuerstätten und Brennstoffe, Aufzüge, Lüftungsleitungen, Feuerlöscheinrichtungen	
– Schnitte und Höhenangaben	Erdgeschoss-Fußbodenhöhe, Geländehöhen, Fußbodenhöhe höchster Aufenthaltsraum, lichte Raumhöhen, Firsthöhen, Dachneigung, Höhen zur Abstandflächenberechnung	
– Ansichten	Vorhandene und geplante Gelände, möglicherweise Darstellung der Umgebung	
Maschinenaufstellungsplan	bei Gewerbeobjekten	
Entwässerungspläne M 1 : 100	je nach Tiefbauamt: Lageplan, Grundleitungen, Strangschema (Schnitt), Darstellung der Entwässerung in den Geschossen	
Positionsplan M 1 : 100	zur statischen Berechnung	
Schriftgut		
Antrag	Bauantragsvordruck, ausgefüllt (siehe Anhang)	
Bauvorlageberechtigung	Vordruck der Architekten- bzw. der Ingenieurkammer	
Versicherungsschutz	Nachweis der Versicherungsgesellschaft	
Erhebungsbogen	für die Statistik zur Baugenehmigung	
Stellungnahme der Gemeinde	Wenn kein Bebauungsplan vorhanden ist, gibt der Planungs- und Bauausschuss eine Stellungnahme zur Genehmigung ab.	
Art und Maß der baulichen Nutzung	Berechnung der GRZ, der GFZ, der BMZ, Berechnung der Geschossigkeit	
Berechnungen	– des umbauten Raumes DIN 277 – der Wohn- und Nutzfläche nach DIN 277 bzw. der Zweiten Berechnungsverordnung – der Rohbausumme und der Herstellungssumme nach DIN 276 – der Abstandflächen, z.B. nach § 6 LBO NRW	
Baubeschreibung	nach Vordruck (siehe Anhang)	
Betriebsbeschreibung bei gewerblichen Objekten	nach Vordruck	
Befreiungen	mit Begründung, soweit im Einzelfall notwendig, z.B.: Befreiungen von Auflagen aus dem Bebauungsplan	
Nachbarschaftszustimmungen	soweit im Einzelfall von Bedeutung, z.B. ein Wegerecht	
Baulasten	bei Eintragung von Baulasten in das Baulastenverzeichnis, Grundbuchauszüge und Lageplan	
Versiegelte Fläche z.B. (Dach- und Pflasterflächen)	Darstellung der Außenanlagen, ggf. mit Berechnungen der Ersatzleistungen	
Nachweise	Stellplatznachweis z.B. nach § 51 LBO NRW Nachweise von Spielplatzgrößen z.B. nach § 9 LBO NRW	
Bautechnische Nachweise	Tragwerksplanung (Standsicherheitsnachweis), Wärme- und Schallschutznachweis, Brandschutznachweis	

4.8 Fachunternehmerbescheinigungen

Bei Schlussabnahme durch die Bauaufsicht sind Fachunternehmerbescheinigungen, die in dieser Phase zu beschaffen sind, vorzulegen. Andernfalls kann die Schlussabnahmebescheinigung nicht ausgehändigt werden. Im Folgenden werden diese Bescheinigungen in ihrer Bedeutung dargestellt sowie andere notwendige Anträge aufgeführt.

Strom

An den Versorgungsträger (RWE, GEW etc.) wird ein Antrag zum Anschluss an das Niederspannungsnetz durch den Architekten, Bauherrn oder einen Fachunternehmer gestellt. Der Versorgungsträger nennt Anschlusstermine und Kosten. Nach Fertigstellung der Installation stellt der Fachunternehmer, ein konzessionierter Elektrofachbetrieb, den Antrag auf Stromlieferung. Nur mit dessen Unterschrift erhält man einen Elektrozähler.

Gas

An den Versorgungsträger (Gasversorgungsgesellschaft) wird ein Antrag auf Gesamtanschluss durch den Architekten, Bauherrn oder eine Heizungsfachfirma gestellt. Der Versorgungsträger nennt Anschlusstermine und Kosten. Nach Fertigstellung der Installation stellt der Fachunternehmer, ein konzessionierter Heizungsfachbetrieb, den Antrag auf Gaslieferung. Nur mit dessen Unterschrift erhält man einen Gaszähler.

Das Bauaufsichtsamt verlangt vor Benutzung eine Fachunternehmerbescheinigung für:

– Feuerungsanlagen
– Wärmepumpen
– Behälter und Gas
– Schornsteinanlagen (durch den Bezirksschornsteinfeger)

Wasser

An das Wasserwerk der Kommune wird ein Antrag auf Wasserversorgung durch den Architekten, Bauherrn oder eine Sanitärfachfirma gestellt. Der Versorgungsträger nennt Anschlusstermine und Kosten. Nach Fertigstellung der Installation stellt der Fachunternehmer, ein konzessionierter Sanitärfachbetrieb, den Antrag auf Wasserlieferung. Nur mit dessen Unterschrift erhält man eine Wasseruhr.

Das Bauaufsichtsamt verlangt vor Benutzung eine Fachunternehmerbescheinigung für:

– Wasserversorgungsanlage

Abwasser

Mit dem Bauantrag wird das Entwässerungsgesuch an das Tiefbauamt der Kommune durch den Architekten oder den Fachingenieur für Haustechnik eingereicht. Die entsprechenden Unterlagen sind je nach Kommune unterschiedlich.

Das Bauaufsichtsamt erteilt die Zustimmung zum Kanalanschluss. Der Kanalanschluss erfolgt durch eine konzessionierte Fachfirma. Die Abnahme der Revisionsschächte und Kleinkläranlagen erfolgt durch das Tiefbauamt.

Schornstein

Der Schornsteinquerschnitt wird durch die Leistung der Heizung von der Fachfirma bestimmt. Die Abnahme und Prüfung der Schadstoffabgabe führt der Bezirksschornsteinfeger zur Rohbau- und Komplettfertigstellung durch.

Die Abbildung 4.5 gibt einen Gesamtüberblick über notwendige Bescheinigungen in NRW.

	Antrag auf Hausanschluss durch	Antrag auf Netzanschluss durch	Fachunternehmerbescheinigung für	Erschließungsgebühren	Erschließungskosten	Abnahme
Strom	Architekt, Bauherr, Fachunternehmer	konzessionierte Fachunternehmer		je nach Grundstücksgröße	nach Anzahl, Länge und Querschnitt	bei Zähleranschluss visuell Versorgungsträger
Gas-/Öl-Heizung	Architekt, Bauherr, Fachunternehmer	konzessionierte Fachunternehmer	Feuerungsanlage, Gasbehälter, Ölbehälter, Heizanlagen	je nach Grundstücksgröße	nach Anzahl, Länge und Querschnitt	bei Zähleranschluss visuell Versorgungsträger
Wasser	Architekt, Bauherr, Fachunternehmer	konzessionierte Fachunternehmer	Wasserversorgungsanlagen	je nach Grundstücksgröße	nach Anzahl, Länge und Querschnitt	bei Wasseruhranschluss visuell Versorgungsträger
Abwasser	Entwässerungsgesuch, Architekt, Fachunternehmer	konzessionierte Fachunternehmer	Abwasseranlagen	nur bei öffentlichem Kanal	je nach Entwässerungsanlage	nach Fertigstellung Farb- bzw. Druckprobe Tiefbauamt
Schornstein			Bescheinigung des Bezirksschornsteinfegers			nach Fertigstellung durch den Bezirksschornsteinfeger
Telefon, Kabelanschluss	Bauherr	Telekom		durch Telefongebühren	durch Telefongebühren	
Sonstige			Wärmepumpe, Lüftungsanlage			

Abb. 4.5: Tabellarische Darstellung der in NRW notwendigen Bescheinigungen

4.9   Genehmigungsplanung nach HOAI, Leistungsphase 4

Die Genehmigungsplanung wird in der HOAI in folgende Teilleistungen gegliedert:

– Erarbeiten der erforderlichen Unterlagen zur Genehmigung
– Vervollständigen und Anpassen der Planungsunterlagen (Koordinierungspflicht)
– Einholen von Zustimmungen und Genehmigungen.

Als Besondere Leistungen gelten u.a.:

– Mitwirken bei der Beschaffung nachbarrechtlicher Zustimmungen
– Ändern der Genehmigungsunterlagen, infolge von Umständen, die der Auftragnehmer nicht zu vertreten hat.

4.10   Erteilung der Baugenehmigung

Der Bauherr erhält vom Bauaufsichtsamt ein Exemplar des Bauantrages mit entsprechendem Genehmigungsvermerk zurück. Diese Baugenehmigung berechtigt zum Baubeginn.

Mit der Baugenehmigung erhält der Bauherr ein Bauschild in DIN-A4-Größe, das an der Baustelle gut sichtbar aufzuhängen ist.

Die Gebühren für die Genehmigung werden von dem Bauaufsichtsamt nach den Baukosten errechnet (unabhängig von der Kostenberechnung des Architekten) und sind vom Bauherrn zu entrichten.

Die Baugenehmigung erlischt

– nach drei Jahren, wenn nicht mit der Ausführung des Bauvorhabens begonnen wurde,
– wenn die Bauausführung ein Jahr unterbrochen wurde.

Eine Verlängerung der Baugenehmigung kann beantragt werden.

Ein eventueller Nachtrag zur Baugenehmigung ist mit den entsprechenden Änderungen ergänzend zum Bauantrag rechtzeitig zur Genehmigung einzureichen.

4.11   Am Bau Beteiligte

Bauherrin, Bauherr
(nach § 57 LBO NRW)

Der Bauherr/die Bauherrin hat zur Vorbereitung und Ausführung eines genehmigungsbedürftigen Vorhabens einen Entwurfsverfasser, einen Unternehmer und einen Bauleiter zu beauftragen. Der Bauherr hat gegenüber der Bauaufsichtsbehörde die erforderlichen Anzeigen und Nachweise zu erbringen, soweit dies nicht Aufgabe des Bauleiters ist.

Bei Bauarbeiten in Selbst- oder Nachbarschaftshilfe ist die Beauftragung von Unternehmern nicht erforderlich, wenn genügend Sachkunde, Erfahrung und Zuverlässigkeit vorhanden sind.

Sind die vom Bauherrn beauftragten Personen für ihre Aufgabe nach Sachkundeerfahrung nicht geeignet, so kann die Bauaufsichtsbehörde geeignete Personen beauftragen. Andernfalls kann sie die Bauarbeiten einstellen. Der Bauherr hat vor Baubeginn die Namen des Bauleiters (Fachberaters) mitzuteilen.

Entwurfsverfasser
(nach § 58 LBO NRW)

Der Entwurfsverfasser (Architekt) muss nach Sachkunde und Erfahrung zur Vorbereitung des Bauvorhabens geeignet sein und ist hierfür verantwortlich. Der Entwurfsverfasser hat dafür zu sorgen, dass die Ausführungsunterlagen dem genehmigten Entwurf und den öffentlich-rechtlichen Vorschriften entsprechen.

Besitzt der Entwurfsverfasser auf einzelnen Fachgebieten nicht die erforderliche Sachkunde und Erfahrung, so muss er Fachplaner zu Rate ziehen und diese koordinieren (Tragwerksplaner, Vermesser, Sachverständige für Schall-, Wärme- und Brandschutz).

5   Ausführungsplanung

Die Ausführungsplanung ist eine Weiterentwicklung der Entwurfsplanung unter ausführungstechnischen Aspekten. Diese in der Leistungsphase 5 erarbeitete ausführungsreife Planungslösung wird in den Ausführungsplänen dargestellt.

5.1   Ausführungspläne

Die Voraussetzung für den Beginn der Ausführungsplanung ist, dass der Entwurf abgeschlossen ist, d.h., dem Bauherrn musste während der Entwurfsplanung verdeutlicht werden, dass das Berücksichtigen aller seiner Änderungswünsche für die Planung Leistungen der Leistungsphase 3 sind, da die Ausführungspläne die Realisierung des Objektes sind.

Alle Änderungen, die jetzt noch durchgeführt werden, sind mit einem sehr großen Aufwand verbunden (Änderungen der Fachplaner) und damit auch mit erheblichen Kosten für den Bauherrn.

Eventuell ergeben sich jedoch durch Auflagen der Genehmigungsbehörde noch Änderungen. Aus diesem Grunde sollte mit der Ausführungsplanung erst begonnen werden, wenn die Baugenehmigung vorliegt, damit solche Auflagen noch eingearbeitet werden können.

Leider wird, um die Planungszeiten zu verkürzen, mit der Ausführungsplanung oft schon während der Prüfung der Baugenehmigung begonnen.

Die Ausführungspläne werden in der Regel in folgenden Maßstäben erstellt:

– Grundrisse und Schnitte im Maßstab 1 : 50 (siehe Abb. 5.1)

– Detailpläne nach Notwendigkeit, z.B.:
   • Fassadenschnitt im Maßstab 1 : 25 bis 1 : 20
   • Treppendetails im Maßstab 1 : 20 bis 1 : 5
   • Konstruktive Details im Maßstab 1 : 10 bis 1 : 5
   • Fensterdetails im Maßstab 1 : 5 bis 1 : 1
   (siehe Abb. 5.2)

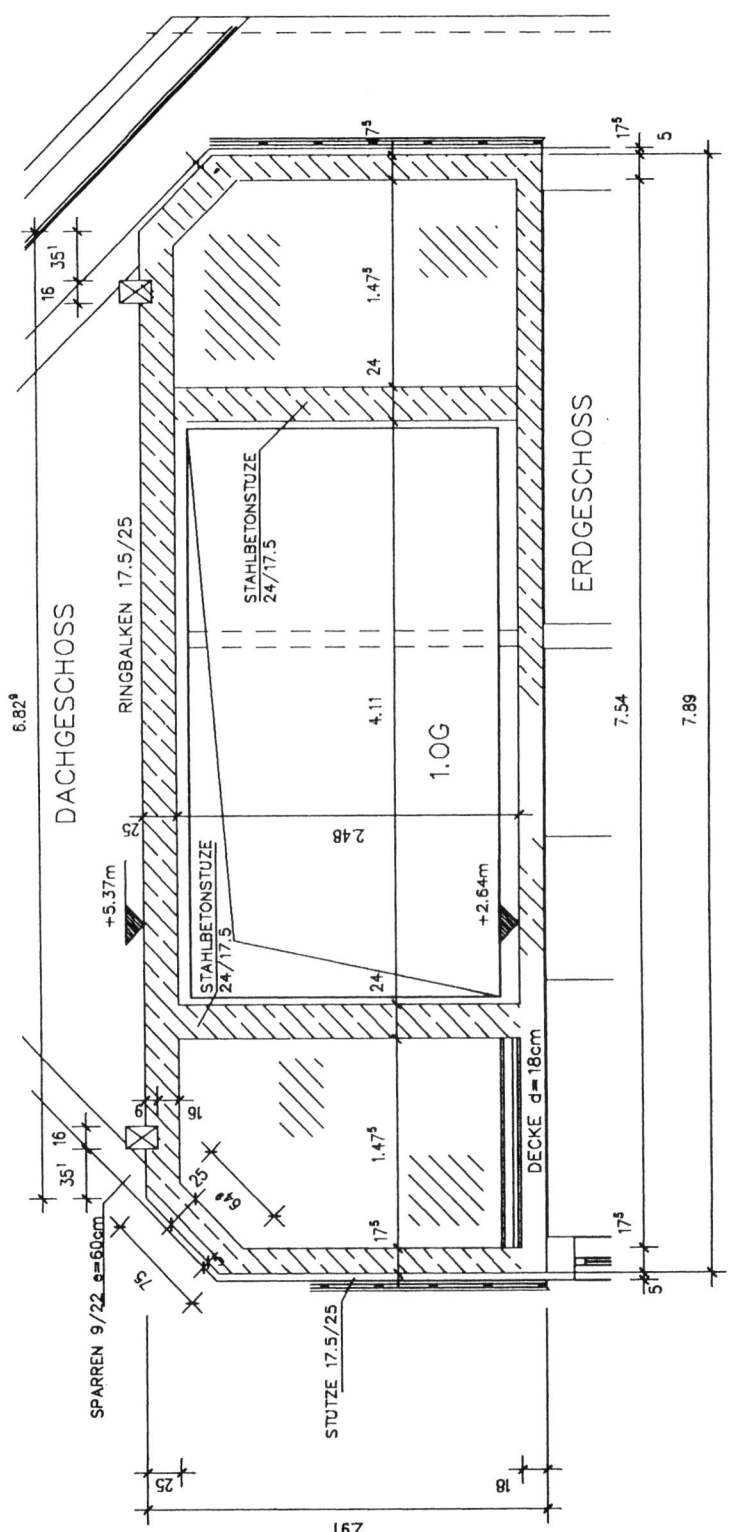

Abb. 5.1: Schnitt durch die Giebelwand, Straßenansicht
(Maßstab 1 : 50 m, cm)

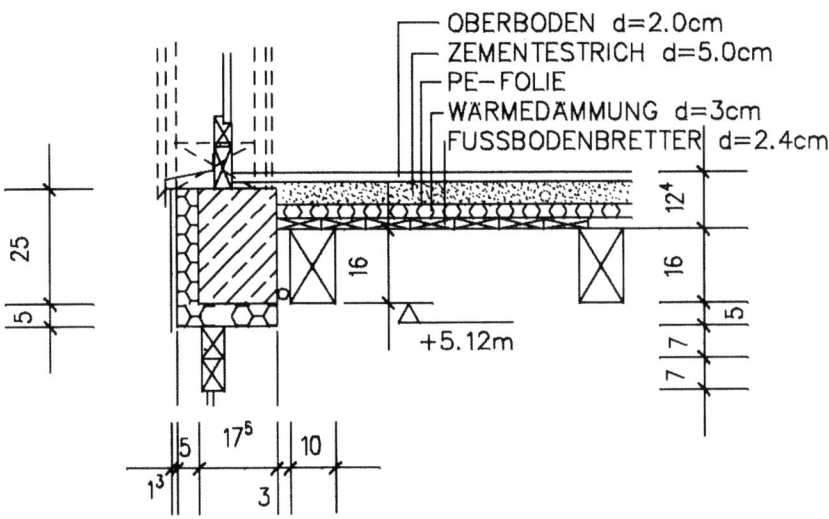

Abb. 5.2 b: Schnitt D – D
Decke

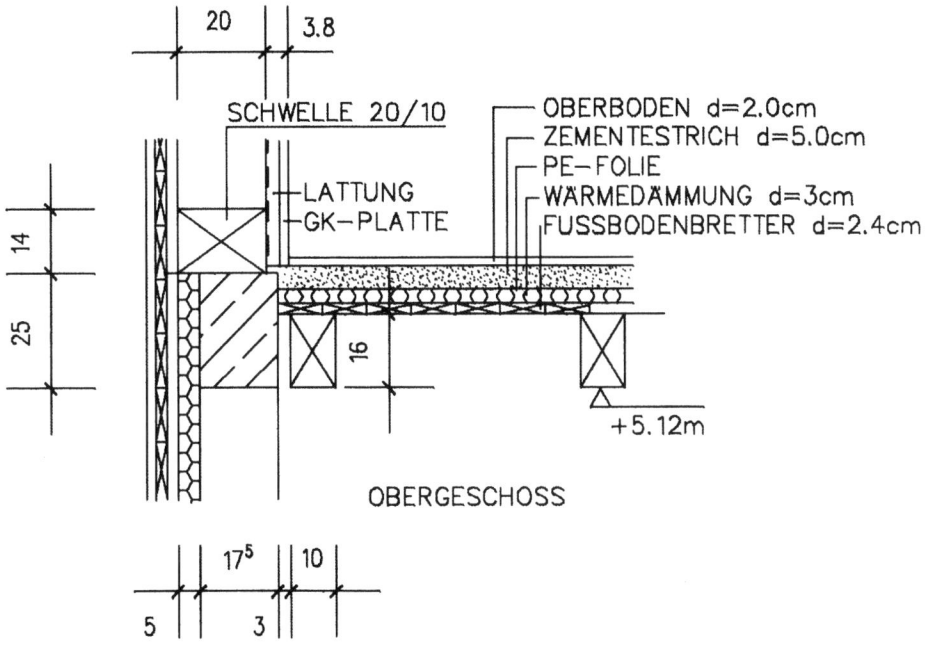

Abb. 5.2 a: Schnitt C – C
Decke/Fenster

5.2   Detailpläne

Mit der Detailplanung wird die Ausführungsplanung punktförmig vergrößert (siehe Abb. 5.2 a und b).

Der jeweilige Maßstab ist so zu wählen, dass zum einen noch eine Übersicht gewährleistet ist und zum anderen die Abgrenzungslinien und Hinweise der ausführenden Firma klar zu erkennen sind.

Um Kosten zu sparen, sollte der ausführenden Firma ein gewisser Freiraum in der Ausführung gelassen werden, d.h., der Planer fertigt so genannte Richtdetails an, in die er die Vorgaben der DIN-Normen, Richtlinien und Merkblätter einarbeitet.

Es sind so viele Detailpläne zu erstellen, wie zur Klärung der Bauausführung notwendig sind. Dies sind vor allem solche Details, an denen mehrere Ausführungsfirmen beteiligt sind, z.B. Gebäudesockel, Fassadendetails, Fensterdetails, Treppendetails, Dachdetails etc.

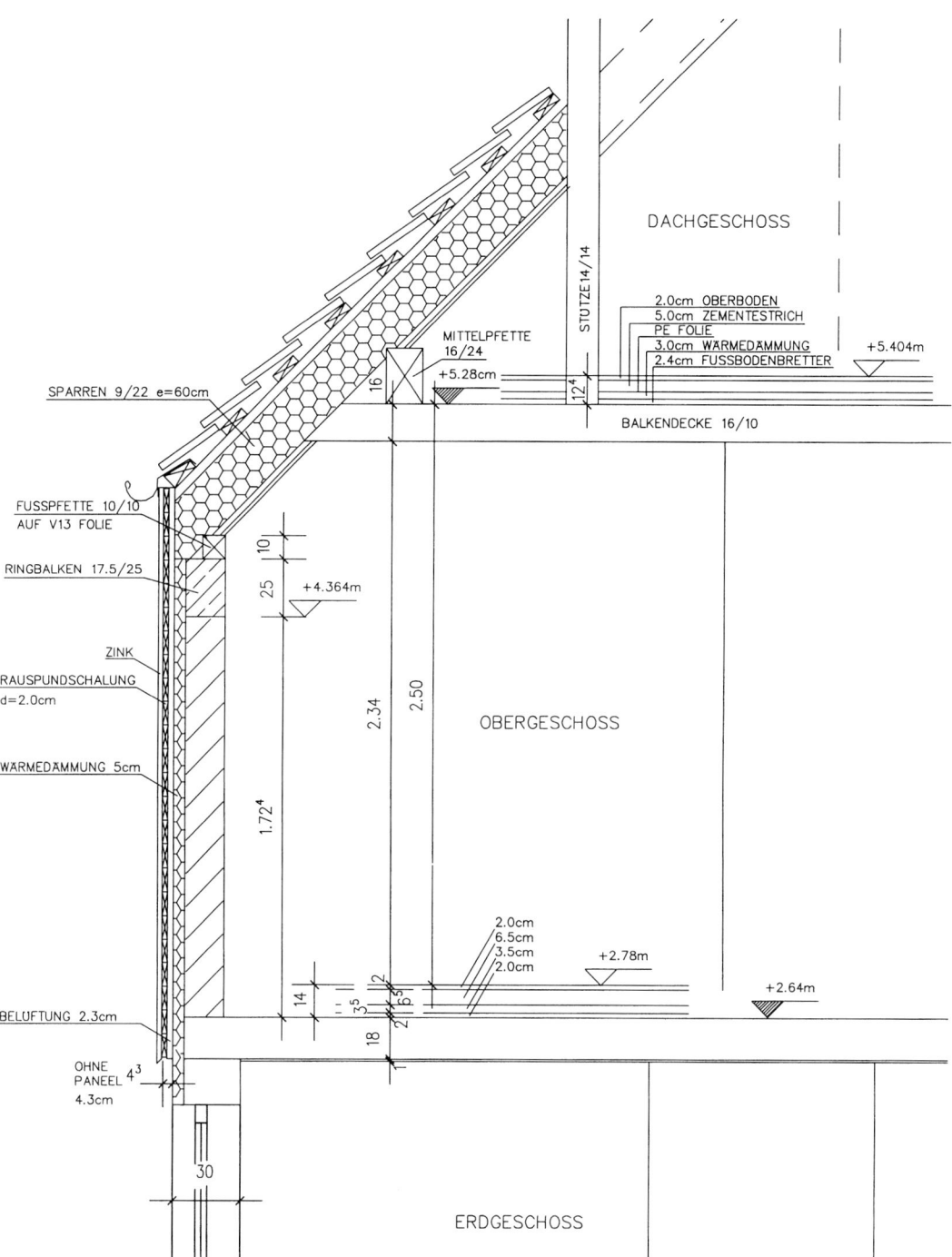

Abb. 5.3: Traufschnitt

5.3   Checkliste zur Ausführungsplanung

Werk- und Ausführungszeichnungen	Bemerkungen
Grundriss (Horizontalschnitt) mit allen:	
– Maßen	☐
– m²-Angaben	☐
– Treppen- und Höhenvorsprüngen (Lauflinie, Steigung, Geländer)	☐
– Bauarten, Baustoffe	☐
– Abdichtungen und konstruktiven Fugen	☐
– betriebstechnischen Angaben (Schornsteinversorgungsschächte) nach Art und Querschnitt	☐
– Angaben über Aussparungen und Einbauteile	☐
– Anordnungshinweisen zu betrieblichen Einbauten (Einbauschränke, Küchen)	☐
– Verlaufszeichnung von Grundleitungen und Dränleitungen	☐
– Angaben über Fertigteile	☐
– Hinweisen auf weitere Zeichnungen (Schnittverlauf, Details)	☐
– Aktualisierungen	☐
Schnitte/Ansichten (vertikal), in Ergänzungen zu den Grundrissen mit allen:	
– Höhenangaben (Geschosshöhen, Höhen über NN, etc.)	☐
– Treppenverläufen bzw. Horizontalschnitten (Steigungsverhältnisse, Kopfhöhen, Geländerhöhen)	☐
– Geländeschnitte, mit zukünftigen Höhenangaben	☐
– Horizontalen Einbauten (abgehängte Decken, Fußbodenaufbauten etc.)	☐
– Fassadengliederungen mit Ausführung technischer Angaben (Fugen, Materialien) und Vermaßung	☐
– Fenstern und Türen (Teilung und Öffnungsarten)	☐
– Verläufen und Anordnungen von Leitungen und technischen Anlagen (Fallrohre, Jalousien, Schornsteine etc.)	☐
Werk- und Ausführungszeichnungen des Tragwerksplaners	
(dargestellt je nach Informationsgehalt in Grundrissen oder auch in Schnitten)	
Der Tragwerksplaner erstellt auf Basis der Architektenpläne nach der Statik und den Positionsplänen die Schalungs- und Bewehrungszeichnungen	
Schalpläne sind Darstellungen der einzuschalenden Bauteile aus Beton, Stahlbeton und Spannbeton (DIN 1356-10). Sie enthalten:	
– Massen- und Höhenquoten des Bauwerkes bzw. der Bauteile	☐
– Aussparungen soweit für das Tragverhalten von Bedeutung	☐
– Auflage der einzuschalenden Bauteile (tragende Mauerwerkswände, Stützen, Kopfplatten etc.)	☐
– Arten und Festigkeitsklassen der Baustoffe	☐

Bewehrungszeichnungen des Tragwerksplaners	Bemerkungen
Bewehrungszeichnungen des Stahlbetons und Spannbetons mit allen zum Biegen und Verlegen der Bewehrung erforderlichen Angaben. Die Bewehrungszeichnungen dienen den Bewehrungsarbeiten auf der Baustelle bzw. im Fertigteilwerk. Sie sollen alle hierfür erforderlichen Angaben und Maße enthalten (DIN 1356, DIN 1045), insbesondere:	
– Stahlsorten und Betonfestigkeitsklassen	☐
– Anzahl, Durchmesser, Form und Lage der Bewehrungsstäbe (Bewehrungsabstand für Ankerungslängen)	☐
– Betondeckung	☐
– besondere Angaben zu Spannbetonteilen	☐
– zum Tragwerk gehörende Einbauteile	☐
– Hinweise zu anderen Zeichnungen (Details) und zur Aktualisierung	☐
Verschiedene Montagepläne	
für Holzbauteile (Sparrenlage)	☐
für Stahlbauteile (Stahlhallen, Abfangkonstruktionen etc.)	☐
für Betonfertigteile (Filigrandecken, Gewerbe- und Verwaltungsbauten aus Beton)	☐
Bei größeren Objekten wird es notwendig für die Haustechnik, Heizung, Sanitär, Elektro, Lüftung und Fördertechnik, eine gesonderte Planung durchzuführen.	☐
Werk- und Ausführungszeichnungen für den Ingenieur für technische Gebäudeausrüstung	
Schlitz- und Durchbruchpläne	
– Darstellung aller Decken- und Wandaussparungen für die technische Gebäudeausrüstung	☐
– Vermaßung der Aussparungen in Größe und Bezug	☐
Pläne zur Installationsführung	
– Grundleitungsplan	☐
– Installationsleitungen für die Gewerke: Heizung, Sanitär, Lüftung, Klima, Elektro, Kommunikation	☐
Pläne für den Einbau von haustechnischen Einrichtungen	
– Heizung, z.B. Heizanlage, Schornstein, Brennstoffversorgung, Heizflächen (Körper)	☐
– Sanitär, z.B. Badezimmer und WC-Einrichtungen, Hebeanlagen	☐
– Lüftungen, z.B. Ventilatoren, Wärmetauscher	☐
– Klima, z.B. Klimaanlagen	☐
– Elektro, z.B. Brennstellen, Lampen, Steckdosen	☐
– Kommunikation, z.B. Telefonanlage, Computer	☐
– Förderanlagen, z.B. Aufzug	☐

5.4   Qualitätsbeschreibung

Zu Beginn der Ausführungsplanung sollte mit dem Bauherrn die Qualität der Ausführung abgestimmt werden. Die Qualität kann nach Gewerken (Grundlage der Leistungsbeschreibung) oder nach Räumen (Raumbuch) geordnet werden. In einer Qualitätsliste werden die Baustoffe festgelegt, z.B.:

– Art der Dachpfannen
– Trockenbau (Holzpaneele/Gipskarton)
– Fliesen (Betonwerkstein/Naturstein)
– Tapeten und Anstriche

und die Konstruktionsarten, z.B. Fenster (Holz-, Kunststoff- oder Metallfenster als Dreh-, Drehkipp- oder Schwingfenster)

– Fassade (Putz, Verblendung, Thermohaut)
– Treppenkonstruktionen (Holz, Stahlbau oder Kombinationen)
– Innentüren (Qualität der Türblätter und der Zargen)
– Oberboden (Teppichboden, Linoleum, Parkett).

Nach der Qualitätsabstimmung können in der Ausführungsplanung die entsprechenden Konstruktionsaufbauten, Böden und Dach, erstellt werden, bzw. Hinweise zu Montageausführung eingebracht werden.

5.5   Koordinierungspflicht

An der Ausführungsplanung sind in der Regel folgende Fachplaner beteiligt:

– der Tragwerksplaner
– der Fachingenieur für technische Gebäudeausrüstung
– der Sachverständige für Schall- und Wärmeschutz
– der Sachverständige für Brandschutz
– der Sachverständige für Bauakustik
– der Garten- und Landschaftsplaner

Nach der HOAI hat der Architekt (Projektkoordinator) die Pflicht zur Koordinierung der Unterlagen aller Fachplaner, auch unter wirtschaftlichen Aspekten.

5.6   Ausführungsplanung nach HOAI, Leistungsphase 5

Die Ausführungsplanung wird in der HOAI in folgende Teilleistungen gegliedert:

– Durcharbeiten der Ergebnisse der Leistungsphasen 3 und 4 bis zur ausführungsreifen Darstellung
– Einbeziehen der Beiträge aller fachlich Beteiligten – Koordinierungspflicht
– Zeichnerische Darstellung des Objektes
– Detailerarbeitung und detaillierte Darstellung
– Erarbeiten der Grundlagen für die anderen an der Planung fachlich Beteiligten und Integrierung der Beiträge
– Fortschreibung der Ausführungsplanung während der Ausführung

Als Besondere Leistungen gelten u.a.:

– Aufstellen einer detaillierten Objektbeschreibung als Baubuch oder Raumbuch
– Prüfen und Anerkennen von Plänen Dritter (Unternehmer).

Die Abbildung 5.4 informiert über die wichtigsten Punkte der Ausführungsplanung.

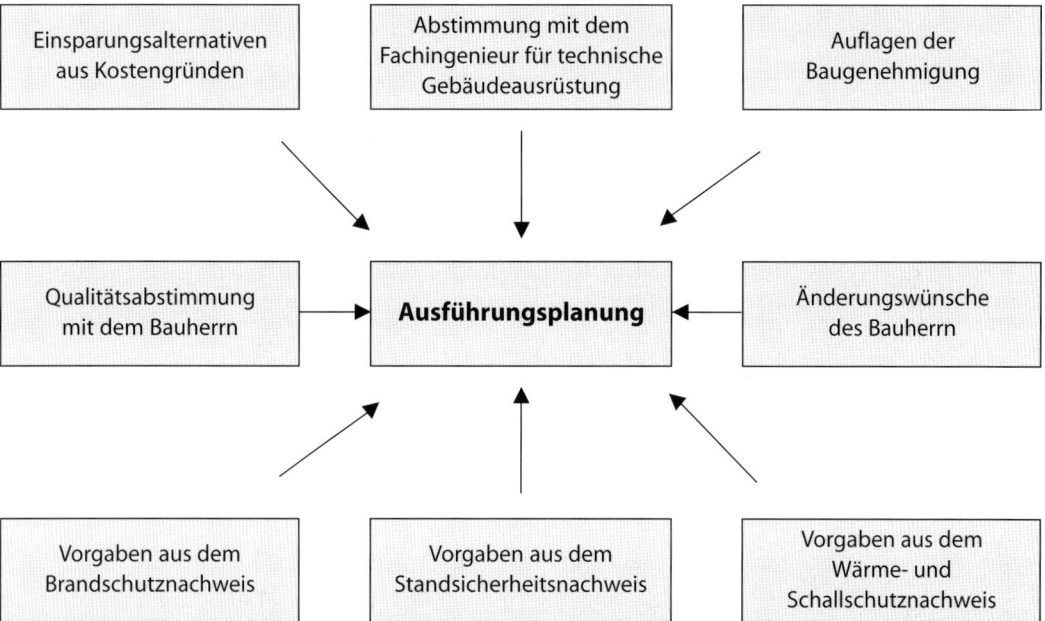

Abb. 5.4: Die wichtigsten Punkte, die bei der Ausführungsplanung zu berücksichtigen sind.

5.7   Am Bau Beteiligte

Fachingenieur für technische Gebäudeausrüstung

Das Leistungsbild der technischen Ausrüstung wird in der HOAI (§ 73) wie beim Architekten in neun Leistungsphasen gegliedert.

Der Fachingenieur wird direkt vom Bauherrn beauftragt. Er haftet für seine Gewerke wie der Architekt gegenüber dem Bauherrn. Er hat jedoch nicht die Koordinierungs- und Integrationspflicht wie der Architekt.

Bei kleineren Objekten ist der Bauherr bestrebt, die Baunebenkosten (Honorare) in ein günstiges Verhältnis zu den Baukosten (Gewerken) zu stellen, d.h., mancher Bauherr versucht, das Honorar des Fachingenieurs einzusparen.

Wenn in einem solchen Fall der Architekt die Leistungen des Fachingenieurs mit übernimmt (Mengenermittlung, Ausschreibungsvergabe, Haustechnik) besteht die Gefahr, dass diese Leistung versicherungstechnisch nicht abgedeckt ist. Beauftragt der Bauherr eine Fachfirma mit der Ingenieurleistung, so besteht die Gefahr des verdeckten Preisvorteiles wenn die Firma später bei der Vergabe der Bauleistungen mitbietet.

6 Vergabe von Bauleistungen – Leistungsbeschreibung

Vor der Vergabe der Bauleistungen an Bauunternehmer und Handwerker müssen diese nach Art und Umfang sowie die Bedingungen für die Vergabe genau festgelegt werden. Als Grundlage der Verträge mit den Auftragnehmern wird in der Regel die VOB vereinbart. Die Leistungsbeschreibung ist mit den angegebenen Mengen (Massenermittlungen) ein wesentlicher Bestandteil des Bauvertrages nach § 1 VOB Teil B. Die gesamte Bauleistung des entsprechenden Objektes wird darin erfasst. Die Beachtung der Allgemeinen Bestimmungen für die Vergabe von Bauleistungen sowie der Allgemeinen und Technischen Vertragsbedingungen für die Ausführung von Bauleistungen nach VOB sind zur Erstellung einer exakten Leistungsbeschreibung unerlässlich.

6.1 VOB

Das Bauvertragsrecht – auch die VOB – ist privates Recht, d.h., die VOB muss im Vertragswerk zwischen dem Auftraggeber (Bauherrn) und dem Auftragnehmer (Unternehmer) vereinbart werden. Dies geschieht häufig in der Vorbemerkung des Leistungsverzeichnisses oder im Anschreiben.

Ist die VOB nicht vereinbart, so gilt als Vertragsgrundlage für den Vertrag das BGB (Bürgerliche Gesetzbuch).

Da das BGB auf allgemeine Dinge des täglichen Lebens abgestimmt ist (Autokauf, Kauf einer Eigentumswohnung etc.), empfiehlt es sich, auf jeden Fall die VOB zu vereinbaren, die für die speziellen Belange des Bauwesens erstellt wurde.

Die VOB (Verdingungsordung für Bauleistungen) gliedert sich in drei Teile:

– Teil A Allgemeine Bestimmungen für die Vergabe von Bauleistungen

– Teil B Allgemeine Vertragsbedingungen für die Ausführung von Bauleistungen

– Teil C Allgemeine Technische Vertragsbedingungen für Bauleistungen (ATV)

VOB Teil A

Die VOB Teil A ist eine Vergabevorschrift für den öffentlichen Auftraggeber (Gemeinde, Städte etc.), da diese mit öffentlichen Geldern arbeiten. Hier muss die Vergabe besonders transparent, objektiv und nachvollziehbar sein.

Für private Auftraggeber sind die Verfahren oft zu aufwendig und langwierig.

Nachfolgend werden *Basisparagraphen* aus der VOB Teil A zitiert bzw. kurz erläutert.

§ 1 Bauleistungen

Bauleistungen sind Arbeiten jeder Art, durch die eine bauliche Anlage hergestellt, instand gehalten, geändert oder beseitigt wird.

§ 3 Arten der Vergabe

Hier wird unterschieden in:

– *Öffentliche Ausschreibung*

   Sie wird in den Medien (Presse, Submissionsanzeiger, Internet etc.) bekannt gegeben, worauf alle Interessenten (unbeschränkte Zahl von Unternehmern) gegen einen Unkostenbeitrag die Angebotsunterlagen bekommen und anbieten können.

– *Beschränkte Ausschreibung*

   Sie ist zulässig,
   - wenn der Aufwand zu groß ist
   - die öffentliche Ausschreibung kein annehmbares Ergebnis gebracht hat
   - die öffentliche Ausschreibung unzweckmäßig ist (nur ein Bieter die Leistungen ausführen kann, z.B. Versorgungsträger).

   Hier wird vom Auftraggeber (in Abstimmung mit dem ausschreibenden Ingenieurbüro) eine beschränkte Zahl von Unternehmern ausgewählt (Unternehmer, die über die technische Ausrüstung, Erfahrung und Fachkundigkeit verfügen und in der Regel auch ortsansässig sind); sie werden zur Einreichung von Angeboten aufgefordert.

– *Freihändige Ausschreibung*

   Sie wird hier genannt für Vergaben, bei denen unter gewissen Umständen die beiden anderen Möglichkeiten unzweckmäßig sind.

§ 5 Leistungsvertrag, Stundenlohnvertrag, Selbstkostenerstattungsvertrag

Grundsätzlich sollen die Bauleistungen so vergeben werden, dass die Vergütung nach Leistung bemessen wird, d.h. nach dem *Leistungsvertrag*, nämlich:

– in der Regel zu Einheitspreisen (*Einheitspreisvertrag* siehe 7)
– in geeigneten Fällen für eine Pauschalsumme (*Pauschalvertrag* siehe 7).

Dagegen ist der *Stundenlohnvertrag* kein Leistungsvertrag; er darf nur für kleine Aufträge mit hohen Stundenleistungen abgeschlossen werden. Hierbei wird der Lohn nach Aufwand abgerechnet (Tageslohnzettel).

Der *Selbstkostenerstattungsvertrag* ist ebenfalls kein Leistungsvertrag; er gilt nur in Ausnahmefällen, wenn die Vergabe der Leistung nicht eindeutig zu bestimmen ist (z.B. Sanierungsmaßnahmen).

§ 9 Leistungsbeschreibung

Im Ausschreibungstext gliedert man die Teilleistungen zu Positionen des Leistungsverzeichnisses. Die Positionen müssen in sich eindeutig erschöpfend und für alle Bieter im gleichen Sinn zu verstehen sein. Die Leistungsbeschreibung muss nötigenfalls durch Unterlagen (Zeichnungen, Proben, Einsicht in Gutachten etc.) ergänzt werden.

§ 10 Vergabeunterlagen

1. *(1) Die Vergabeunterlagen bestehen aus:*

   a) dem Anschreiben (Aufforderung zur Angebotsabgabe)
   b) den Verdingungsunterlagen.

§ 14 Sicherheitsleistung
(siehe auch § 17 VOB Teil B)

Die Sicherheitsleistung dient dazu, die vertragsgemäße Leistung sicherzustellen:

- während der Ausführung durch Einbehalt in Höhe von 5 % der Auftragssumme oder durch eine Bürgschaft (einer Bank bzw. einer Versicherungsgesellschaft)
- für die Gewährleistungszeit nach Abnahme in Höhe von 3 % der Abrechnungssumme oder durch Bürgschaft. (§ 17 Nr. 6 VOB Teil B besagt, dass bei Sicherheitsleistungen, die in Teilbeträgen von Zahlungen einbehalten werden, höchstens 10 % der jeweiligen Zahlung gekürzt werden können.)

Abweichende Vereinbarungen sind in zusätzlichen Vertragsbedingungen möglich.

§ 18 Angebotsfrist, Bewerbungsfrist

Die Angebotsfrist ist ausreichend vorzusehen, nicht unter zehn Kalendertagen.

§ 19 Zuschlags- und Bindefrist

Die Zuschlagsfrist beginnt mit Öffnung der Angebote und endet mit der Beauftragung (Dauer der Rechnungsprüfung). *Sie soll nicht mehr als 30 Kalendertage betragen.* Mit einer Bindefrist ist vorzusehen, dass der Bieter bis zu deren Ende an sein Angebot gebunden ist.

§ 22 Eröffnungstermin

Dies ist der vom öffentlichen Auftraggeber festgelegte Termin (Ort und Zeit), an dem die eingegangenen Angebote der Bieter geöffnet und verlesen werden. Vom Ablauf wird ein Protokoll angefertigt, das vom Verhandlungsleiter und den anwesenden Bietern unterzeichnet wird. Alle Bieter können Einsicht nehmen.

§ 26 Aufhebung der Ausschreibung

1. *Die Ausschreibung kann aufgehoben werden, wenn:*

   a) kein Angebot eingegangen ist, das den Ausschreibungsbedingungen entspricht (d.h. nicht dem Termin- oder Kostenrahmen entspricht)

   b) die Verdingungsunterlagen grundlegend geändert werden müssen (z.B. wenn sich das Leistungsverzeichnis im Laufe einer Sanierung durch Vorgewerke geändert hat)

   c) andere schwerwiegende Gründe bestehen (eventuelle Preisabsprachen).

6.2   Leistungsbeschreibung mit Einheitspreisverzeichnis

Die Leistungsbeschreibung ist ein Leistungsverzeichnis, nach dem der Bieter entsprechend dem Ausschreibungstext und den Mengenvorgaben seine kalkulierten Einheitspreise (für ihn bindend) anbietet.

6.2.1   Gliederung

Die Gliederung des Leistungsverzeichnisses erfolgt in der Regel nach Gewerken (Fachlosen) der VOB Teil C, den Allgemeinen Technischen Vertragsbedingungen für Bauleistungen (ATV), DIN 18300 bis 18451.

Einschränkend muss erwähnt werden, dass die Gliederung der VOB Teil C nicht unbedingt der Marktsituation (den Bietern) entspricht.

So wird z.B. in der Regel das Gewerk *Rohbauarbeiten* ausgeschrieben und auf dem Markt von Rohbauunternehmern angeboten. Dieses Gewerk ist in der VOB Teil C nicht zu finden. Hier werden vom Ausschreibenden aus baubetrieblichen Gründen zusammengefasst:

- Baustelleneinrichtung, je nach Größe des Objektes (nicht als ATV aufgeführt)
- Mauerarbeiten (ATV 18330)
- Beton- und Stahlbetonarbeiten (ATV 18331)
- Entwässerungsarbeiten (Grundleistung in ATV 18381)
- Abdichtungsarbeiten (Kellerabdichtung in ATV 18336)
- Dränarbeiten (ATV 18308) etc.

Gliederung nach Angebot

Der Ausschreibende gliedert die Gewerke nach *Angebot* (so dass die Leistung auf dem Markt möglichst preisgünstig angeboten wird), z.B. in:

- Fensterarbeiten (Kunststoff, Holz oder Metall)
- Innentüren (Elementebau)
- Treppen (Stahl, Holz oder Kombinationen)

Gliederung nach Positionen

Die Titel innerhalb der Gewerke werden im Leistungsverzeichnis in Positionen unterteilt (siehe Abb. 6.1).

Die *Position* ist die kleinste in sich abgeschlossene Einheit der Leistungsbeschreibung.

Jede Position erhält eine Positionsnummer. Die Positionsnummer ist eine der Ordnungszahlen des Leistungsverzeichnisses, z.B.:

1 Gewerk
1 Titel
01 Positionsnummer

ergibt: 1.1.01

Sie definiert den Langtext im Verlauf der weiteren Bearbeitung, z.B.:

– Preisspiegel
– Abrechnung
– Rechnungsprüfung.

---

1.   **Gewerk: Rohbauarbeiten**

1.1   Titel: Erdarbeiten

1.1.01   **Oberboden abtragen und seitlich lagern**
Oberboden abtragen und nach Angabe der Bauleitung im
Bereich der Parzelle 123 in Mieten aufsetzen;
Mengenermittlung nach Aufmaß an der Entnahmestelle.
Abtragsdicke: 20 – 30 cm
Entfernung zur Lagerstelle: > 50 m

          120 m²   _____ € _____ €

1.1.02   **Baugrubenaushub, Bodenklasse 3 – 5, seitlich lagern**
Baugrube profilgerecht nach Plananlage ausheben.
Das Aushubmaterial ist bei Eignung außerhalb der
Baugrube auf der Parzelle 123 mit Erlaubnis der
Bauleitung zur späteren Wiederverwendung als
Hinterfüllmaterial seitlich zu lagern.
Bodenklasse: 3 – 5
Aushubtiefe: bis 3,25 m

          311 m³   _____ € _____ €

1.1.03   **Bedarfsposition ohne**
Baugrubenaushub, Bodenklasse 3 – 5, mit Abfuhr
wie vor, jedoch Baugrube ausheben, Aushubmaterial beseitigen.

          1 m³   _____ €   nur Einheitspreis

Abb. 6.1: Gliederung eines Leistungsverzeichnisses, dargestellt an einem Beispiel

6.2.2   Bestandteile

Die Leistungsbeschreibung hat drei Bestandteile: die Objektbeschreibung (auch: Besondere Vertragsbedingungen) nach VOB Teil A, die Technischen Vertragsbedingungen (auch: Technische Vorbemerkungen) nach VOB Teil C und das Leistungsverzeichnis.

Objektbeschreibung oder Besondere Vertragsbedingungen

In der Praxis spricht man bei den *Besonderen Vertragsbedingungen* oft auch von Objektbeschreibungen, d.h., der Ausschreibende gibt dem Bieter einen kurzen Abriss des zu erstellenden Objektes, damit er sich für die Kalkulation einen Eindruck verschaffen kann.

In der Objektbeschreibung wird also alles, was für diese Baustelle *im Besonderen* gilt und dem Bieter zur besseren Preisfindung dienen könnte, aufgeführt. Die Objektdaten müssen also für jedes Objekt neu erstellt werden. Da sie als Ergänzung zu den Leistungsbeschreibungen der Gewerke dienen, werden sie jedem Gewerk vorgeheftet.

Die Objektdaten im Einzelnen:

– was dem Auftragnehmer unentgeltlich zur Nutzung überlassen wird
– Angaben der Zufahrtsmöglichkeiten
– Lage der baulichen Anlage (z.B. Baustelle in einem reinen Wohngebiet)
– Art der baulichen Anlage (z.B. Wohn- und Geschäftshaus)
– Baumasse (Anzahl der Geschosse)
– Bodenverhältnisse
– Art und Umfang der Pflanzbestände
– abzubrechende Bauteile
– zu schützende Bauteile
– Versorgung der Baustelle (Wasser, Strom etc.)
– Ausführungsfristen (Baubeginn, Dauer und Fertigstellung; möglicherweise Zwischentermine)
– weitere Hinweise: Vergabehandbuch

Technische Vorbemerkungen oder Technische Vertragsbedingungen

Die *Technischen Vorbemerkungen* kann man als Bindeglied zwischen der VOB Teil C, Allgemeine Technische Vertragsbedingungen für Bauleistungen (ATV) und den Leistungsbeschreibungen des Objektes in den einzelnen Gewerken sehen. Sie werden für jedes Gewerk konzipiert. Die Konzepte können standardisiert werden (Datenbanken) und bei anderen Objekten zum Teil wieder verwendet werden.

In den Technischen Vorbemerkungen wird der Qualitätsanspruch in Ergänzung zu VOB Teil C festgelegt, d.h., nach welchen Konstruktionsrichtlinien bzw. Ausführungsrichtlinien, Güteschutz bzw. DIN-Normen das Gewerk ausgeführt werden soll. Man komprimiert hier die technische Beschreibung in eine eindeutige und übersichtliche Form.

Vorteile der Technischen Vorbemerkungen:

– Sie verkürzen den Ausschreibungstext der Positionen.
– Sie fassen technische Details zusammen.
– Sie erhöhen die Übersichtlichkeit.
– Sie vereinfachen für den Bieter die Preisanfragen.

Die technischen Vorbemerkungen können wie folgt gegliedert werden, z.B. wie hier für Holzfenster:

– allgemeine Angaben zum Werkstoff (Güteschutz)
– Anforderungen an die Konstruktion (Statik, Bauphysik)
– Angaben zu ergänzenden Bauteilen (Dichtprofile)
– Ausführungsart (Anzahl der Falzungen)
– Einbauart (Art der Montage).

6.2.3 Deckblatt

Das Deckblatt der Leistungsbeschreibung sollte folgende Informationen enthalten:

– Auftraggeber
– Bauvorhaben
– Ansprechpartner (Ausschreibender, Architekturbüro)
– Gewerk
– Termine:
  • spätester Abgabetermin
  • voraussichtliches Ausführungsdatum
  • Bindefrist
– Grundlagen des Leistungsverzeichnisses, z.B. Vereinbarung der VOB
– Angebotspreis und rechtsverbindliche Unterschrift mit Datum

Es empfiehlt sich, die Leistungsbeschreibung (das Leistungsverzeichnis) zu standardisieren, in dem es mit AVA-Programmen erarbeitet und bearbeitet wird (Ausschreibung, Vergabe, Abrechnung).

6.2.4 Positionsarten

Im Leistungsverzeichnis verwendet man verschiedene Positionsarten:

– *Normalpositionen*
  Positionen, nach denen das Objekt ausgeführt werden soll (die Regel-positionen). Sie werden im Einheitspreis und im Gesamtpreis angeboten.

– *Bedarfspositionen*
  Positionen, die möglicherweise zur Ausführung kommen (nicht als Alternative zu den Normalpositionen). Hier wird nur der Einheitspreis angeboten.

– *Alternativpositionen*
  werden ausgeschrieben, wenn die Ausführungsart noch nicht eindeutig feststeht. Hier wird nur der Einheitspreis angeboten (als Alternative zu den Normalpositionen).

6.2.5 Ausschreibungstexte

Die Ausschreibungstexte innerhalb einer Position der Leistungsbeschreibung werden in ihrer Zusammenstellung und Ergänzung auch bei unterschiedlichen Objekten immer wieder miteinander kombiniert. Es empfiehlt sich deshalb, die Beschreibungskataloge zu standardisieren und in einer Datenbank abzulegen. (Für die Gewerke des Hoch- und Tiefbaus wurde ein Standardleistungsbuch entwickelt.)

Geeignete Datenbanken sind als Ergänzungen zu den AVA-Programmen zu erwerben. (Es kann hier nur darauf hingewiesen werden, dass verschiedene Datenbanken eher von Informatikern als von Baufachleuten erstellt wurden.)

Die Standardisierung erleichtert die Arbeit. Am besten entwickelt man eigene Datenbanken mit selbst erarbeiteten bzw. umformulierten oder ergänzten Texten.

Der Bauherr bzw. sein Erfüllungsgehilfe (der Ausschreibende) ist dafür verantwortlich, dass die Leistungsbeschreibung die Leistung in jeder Position eindeutig und unmissverständlich beschreibt, so dass alle Anbieter die Beschreibung im gleichen Sinne verstehen müssen und ihre Preise sicher und ohne umfangreiche Vorarbeiten berechnen können (dem Auftragnehmer soll kein ungewöhnliches Wagnis aufgebürdet werden).

Folgende Kriterien sind für die Ausschreibungstexte besonders wichtig:

– Sie müssen technisch richtig (nach den allgemein anerkannten Regeln der Technik) sein.
– Die Formulierungen müssen eindeutig und erschöpfend sein.
– Das Leistungsverzeichnis muss vollständig und aktuell sein.
– Allgemeinplätze sind zu vermeiden (statt nur Bewehrung: BSD 500/550 S).
– Es sind Fachausdrücke zu verwenden, die Allgemeingültigkeit haben z.B. nicht: Kniestock Kendel).
– Inhalt und Form müssen einfach und klar sein und sollten am besten gegliedert dargestellt werden (Konstruktion, Beschichtung, Abmessung).
– Alternativpositionen müssen eingeschränkt werden (kleiner als 5 %).
– Mengenübersetzungen sollen nicht vorgenommen werden.
– Es muss wettbewerbsneutral (angegebenes Fabrikat oder gleichwertig) formuliert werden.
– Die Ausschreibungstexte sollten rechtlich abgesichert sein.

Dem Bauherrn kann nur an einem ordnungsgemäß aufgestellten Leistungsverzeichnis liegen, da sonst unabwendbare Nachträge auf ihn zukommen (nicht der Unternehmer ist für Nachträge verantwortlich, sondern der Ausschreibende).

6.2.6 Leistungsbeschreibung mit Leistungsprogramm (funktionale Leistungsbeschreibung)

In dieser Leistungsbeschreibung wird die Bauleistung nicht nach Gewerken gegliedert, sondern die Qualität des gesamten Objektes wird in einer Qualitätsbeschreibung, z.B. als Raumbuch definiert, ergänzt durch entsprechende Richtdetails.

* EC= Eurocode: Grundanforderungen für Bauwerke, formuliert durch technische Ausschüsse der EU,
z.B EC 6 Mauerwerksbauten

Abb. 6.2: Informationen zur Erstellung der Leistungsbeschreibungen

Die Mengen (Massenfordersätze des Leistungsverzeichnisses) sind in der
Regel von den Bietern zu ermitteln. Damit dieses möglich ist, erhalten die
Bieter entsprechende Planunterlagen (Ausführungspläne).

Die funktionale Leistungsbeschreibung wird bei Anfragen an Generalunternehmer zur schlüsselfertigen Erstellung von Objekten angewendet bzw. bei
Anfragen an Hauptunternehmer zur Erstellung von Gewerbebauten. Da die
Leistungsbeschreibung nicht so detailliert erfolgt wie bei Einzelvergaben, ist
das Vertragswerk (der Generalunternehmervertrag oder Hauptunternehmer-
vertrag) entsprechend umfangreicher.

6.3 Mengenermittlung

Bei der Mengenermittlung sind die Abrechnungsvorschriften der DIN 18300
bis 18451 in VOB Teil C entsprechend dem jeweiligen Gewerk (im Ab-schnitt
5, Abrechnung) zu beachten.

Weicht bei der Abrechnung die Mengenermittlung um mehr als 10 % (nach
oben oder unten) vom Vertrag ab, so hat der Unternehmer die Möglichkeit,
einen neuen Einheitspreis zu fordern (§ 2, Nr. 3 VOB Teil B).

Die Mengenermittlung erfolgt auf Grundlage der Ausführungspläne. Sie sollte vollständig und übersichtlich (nach entsprechenden Formblättern) erstellt
werden, und als Anlage die *Mengenermittlungspläne* (Stand der Ausführungspläne zum Ermittlungszeitpunkt) enthalten.

Zur Erhöhung der Kostensicherheit wird oft der preiswerteste Bieter veranlasst, die ermittelten Mengen der Anfrage zu prüfen, um den Auftrag *zu pauschalieren* (vorweggenommene Abrechnung). Gerade dann ist eine genaue übersichtliche und nachvollziehbar dargestellte Mengenermittlung notwendig, damit dem Auftragnehmer kein ungewöhnliches Wagnis aufgebürdet wird.

Bedarfs- und Alternativpositionen werden in einer Maßeinheit angegeben, z.B. 1 m² geschalte Betondecke als Alternative zur mengenermittelten Filigrandecke. Sollte der angebotene Einheitspreis der Ausführungsvariante preiswerter sein, so können in der Auswertung (Preisspiegel) die Alternativpositionen entsprechend gewertet werden.

Die Bedarfs- und Alternativpositionen unterliegen dem Wettbewerb. Eine genaue und vollständige Mengenermittlung ist Voraussetzung dafür, dass es hier bei der späteren Abrechnung nicht zu erheblichen Abweichungen kommt.

Pos.	Nr.	Menge	Gegenstand	Länge m	Breite m	Fläche m	Höhe m	Inhalt m³	Abzug
2	1.2.24	1	Giebelwand Keller	11,20	2,48	27,53	0,24	6,60	
		2	Giebelwand Erdgeschoss und erstes Obergeschoss	9,50	2,95	28,02	0,24	13,45	
		1	Giebelwand Dachgeschoss	6,80	2,70	18,36	0,24	4,41	
		1	./. Türöffnung	0,885	2,00	1,77	0,24		0,85
								24,46	

Abb. 6.3: Ausschnitt aus einer Mengenermittlung

6.4 Vorbereitung der Vergabe nach HOAI, Leistungsphase 6

Die Vorbereitung der Vergabe wird in der HOAI in folgende Teilleistungen gegliedert:

– Ermitteln und Zusammenstellen von Mengen (Mengenermittlung) als Grundlage für die Leistungsbeschreibung
– Aufstellen von Leistungsbeschreibungen
– Abstimmen und Koordinieren der Leistungsbeschreibungen

Als Besondere Leistungen gelten u.a.:

– Aufstellen von alternativen Leistungsbeschreibungen
– Aufstellen von vergleichenden Kostenübersichten

6.5 Am Bau Beteiligte

Unternehmer
(nach § 59 LBO NRW)

Der Unternehmer muss das Objekt nach den allgemein anerkannten Regeln der Technik, den Bauvorlagen und den Arbeitsschutzbestimmungen ausführen. Die Nachweise über die Verwendbarkeit der Bauprodukte und Bauarten hat er zu erbringen und auf der Baustelle vorzuhalten.

Besitzt der Unternehmer für einzelne Arbeiten nicht die erforderliche Sachkunde und Erfahrung, so hat er für entsprechende Fachunternehmer zu sorgen und diese zu koordinieren.

6.6 Checkliste zur Leistungsbeschreibung

Arten der Leistungsbeschreibung – Einheitspreisverzeichnis mit Mengenangabe – Funktionale Fertigungsbeschreibung ohne Mengenangabe		
Bestandteile des Einheitspreisverzeichnisses mit Mengenvorgaben		**Bemerkungen**
Objektbeschreibung (besondere Vertragsbedingungen)	Alles was für dieses Objekt gilt (Objektdaten)	

Deckblatt	Auftraggeber
	Bauvorhaben
	Ansprechpartner Gewerk
	Termine: spätester Abgabetermin
	         voraussichtlicher Ausführungstermin
	         Bindefrist
	Grundlagen des Leistungsverzeichnisses
	 Vereinbarungen der VOB
	Angebotspreis
	rechtsverbindliche Unterschrift	

Technische Vorbemerkungen (Zusätzliche technische Vertragsbedingungen)	– Definition der allgemein anerkannten Regeln der Technik (durch Benennung der DIN/EN/Richtlinien/Merkblätter) für das Gewerk – übersichtliche Zusammenfassung der technischen Beschreibung aus dem Leistungsverzeichnis – Ergänzungen zur VOB Teil C der entsprechenden ATV	

Leistungsverzeichnis (LV)	Gliederung: Gewerke
	         Titel
	         Positionen	

Anforderungen an die Ausschreibungstexte	– technisch richtig (nach den allgemein anerkannten Regeln der Technik) – eindeutig und erschöpfend – vollständig – rechtlich abgesichert – aktuell – Alternativpositionen, soweit notwendig – Bedarfsposition < 5 % – keine Massenübersetzungen – wettbewerbsneutral	
Positionsarten	Normalpositionen: Positionen, nach denen das Objekt (Einzelpreis und ausgeführt werden soll Gesamtpreis)	
	Bedarfspositionen: Positionen, die möglicherweise (nur Einzelpreis) zur Ausführung kommen (nicht als Alternative zur Normalposition)	
	Alternativpositionen: ausgeschrieben, wenn Ausführungsart (nur Einzelpreis) noch nicht eindeutig feststeht	
Bestandteile der funktionalen Leistungsbeschreibung ohne Mengenvorgaben	– Qualitätsbeschreibung (ohne Mengenvorgabe) – Ausführungszeichnungen (mit Richtdetails zur Qualitätsbestimmung) – Allgemeine Vertragsbedingungen (GU-Vertrag)	

7 Bauvertrag

Der Bauvertrag ist ein privatrechtlicher Vertrag, in dem Art und Umfang der Leistung bestimmt werden. Meist wird zwischen Auftraggeber und Bauunternehmer bzw. Handwerker in der Vorbemerkung zum Leistungsverzeichnis oder im Anschreiben die VOB vereinbart. Wird diese Vereinbarung nicht getroffen, gilt das Bürgerliche Gesetzbuch (BGB) als Vertragsgrundlage. Es empfiehlt sich jedoch, die VOB zu vereinbaren, da diese die speziellen Belange des Bauwesens berücksichtigt.

Der Projektkoordinator im Hochbau (in der Regel der Architekt) wirkt bei der Vergabe nur beratend mit, es sei denn, der Bauherr erteilt dem Architekten eine ausdrückliche Vergabevollmacht.

7.1 VOB Teil B, DIN 1961

Im Folgenden werden die Paragraphen aus der VOB Teil B, Allgemeine Vertragsbedingungen für die Ausführung von Bauleistungen, inhaltlich kurz wiedergegeben, zum Teil auch zitiert und erläutert:

§ 1 Art und Umfang der Leistung

Art und Umfang der Leistung werden durch den Vertrag bestimmt. Die folgenden Bestandteile des Vertrages sind in ihrer Rangfolge nach dem Prinzip geordnet: Spezielles Recht vor allgemeinem Recht. So gelten bei Widersprüchen im Vertrag nacheinander:

a) *die Leistungsbeschreibung* (die Ausschreibung)

b) *die Besonderen Vertragsbedingungen*
   (Objektbeschreibung, siehe 6.2.2)

c) *etwaige Zusätzliche Vertragsbedingungen*
   (Ergänzungen zur VOB Teil B, siehe 7.4.3)

d) *etwaige Zusätzliche Technische Vertragsbedingungen*
   (technische Vorbemerkungen nach dem jeweiligen Gewerk, siehe 6.2.2)

e) *die Allgemeinen Technischen Vertragsbedingungen für Bauleistungen*
   (VOB Teil C [ATV], siehe 8.6.3)

f) *die Allgemeinen Vertragsbedingungen für die Ausführung von Bauleistungen*

Es ist darauf zu achten, dass Vertragsergänzungen nicht im Widerspruch zur VOB oder zum AGB-Gesetz stehen.

§ 2 Vergütung

Vergütet werden alle vertraglichen Leistungen nach den Einheitspreisen und den tatsächlich ausgeführten Leistungen, d.h., wenn ausgeschriebene Positionen nicht zur Ausführung kommen, werden diese auch nicht vergütet. Der Einheitspreis kann neu festgesetzt werden, wenn der Mengenansatz um 10 % über- oder unterschritten wird.

Bei Pauschalverträgen spricht man von einer vorweggenommenen Abrechnung. Hier wird der Mengenansatz nach Ausführung nicht mehr überprüft. Die pauschalierte Leistung wird in der Regel anhand der Ausführungspläne festgeschrieben. Ergeben sich hier Änderungen, sind diese entsprechend zu vergüten.

Leistungen, die der Auftragnehmer ohne Auftrag oder unter eigenmächtiger Abweichung vom Vertrag ausführt, werden nicht vergütet (wenn z.B. der Zimmermann die Dachkonstruktion ändert und einen höheren Abbund erhält).

§ 3 Ausführungsunterlagen

Alle für die Ausführung nötigen Unterlagen sind dem Auftragnehmer rechtzeitig zu übergeben, unter Berücksichtigung bestimmter Lieferzeiten, (z.B. Listenmatten im Fundamentbereich).

Hauptachsen und Höhenfestpunkte sind unverschieblich und ummissverständlich zu kennzeichnen. Werden Gebäudeachsen verbaut, so sind so genannte Bezugsachsen einzurichten.

Vor Beginn der Arbeiten sind die örtlichen Begebenheiten in unmittelbarer Umgebung der Baustelle durch Auftraggeber und Auftragnehmer festzuhalten. Bei angrenzender Bebauung möglicherweise durch Beweissicherung.

§ 4 Ausführung

Das Bauvorhaben ist nach anerkannten Regeln der Technik auszuführen. Hat der Auftragnehmer Bedenken gegen die vorgesehene Art der Ausführung oder gegen Leistungen anderer Unternehmer (vorausgegangene Arbeiten), so hat er dies dem Auftragnehmer unverzüglich schriftlich – möglichst vor Beginn seiner Arbeit – mitzuteilen (so genannte Hinweispflicht).

Mangelhafte Leistungen sind schon während der Ausführung auf Kosten des Auftragnehmers durch mangelfreie Leistungen zu ersetzen. Kommt er der Mangelbeseitigungspflicht nicht nach, so kann ihm nach angemessener Frist der Auftrag entzogen werden.

§ 5 Ausführungsfristen

Angemessene Ausführungsfristen müssen im Vertrag ausdrücklich vereinbart sein. Hält der Auftragnehmer durch Eigenverschulden die Fristen nicht ein, gerät er in Verzug. Nach angemessener Nachfrist kann ihm der Auftrag entzogen oder Schadensersatz verlangt werden.

§ 6 Behinderung und Unterbrechung der Ausführung

Wird der Auftragnehmer in der Ausführung seiner Leistung behindert (durch fehlende Pläne), so hat er dies dem Auftraggeber unverzüglich schriftlich anzuzeigen. Vertritt der Auftraggeber den Umstand (Behinderung), so werden die Ausführungsfristen verlängert (möglicherweise mit Terminzuschlägen).

§ 7 Verteilung der Gefahr

Wird die ausgeführte Leistung vor der Abnahme durch objektiv unabwendbare Umstände beschädigt (z.B. Krieg), besteht keine Ersatzpflicht.

§ 8 Kündigung durch den Auftraggeber

Der Auftraggeber kann kündigen, wenn:

– *nach § 4 Nr. 7 die Ausführung mangelhaft ist (Fristsetzung!)*
– *nach § 5 Nr. 4 die gesetzte Frist fruchtlos abgelaufen ist.*

§ 9 Kündigung durch den Auftragnehmer

Der Auftragnehmer *kann kündigen, wenn der Auftraggeber ihm obliegende Handlungen unterlässt, z.B. keine Baugenehmigung vorhanden ist, eine fällige Zahlung nicht leistet.*

§ 10 Haftung der Vertragsparteien

Die Vertragsparteien haften für eigenes Verschulden und auch für das Verschulden der Personen, die an der Erfüllung der Verbindlichkeiten beteiligt waren.

§ 11 Vertragsstrafe

Vertragsstrafen (nach BGB §§ 339 bis 345) können nur im begrenzten Umfang rechtswirksam vereinbart werden, z.B:

– 0,2 bis 0,3 % der Auftragssumme je Werktag der Fristüberschreitung und
– maximal 10 % der Auftragssumme (Strafe im Gewinnbereich des AN).

§ 12 Abnahme

Der Auftragnehmer kann nach Fertigstellung (Leistung ohne wesentliche Mängel) innerhalb von zwölf Werktagen die Abnahme verlangen.

Man unterscheidet:

– eine förmliche Abnahme mit einem gemeinsamen Abnahmeprotokoll, in dem Vorbehalte wegen bekannter Mängel und Vertragsstrafen aufgenommen werden sollten,

– und eine fiktive Abnahme: Die Leistung gilt zwölf Werktage nach schriftlicher Mitteilung über die Fertigstellung der Leistung (Schlussrechnung) als abgenommen. Nimmt der Auftraggeber die Leistung in Benutzung, so gilt die Abnahme nach sechs Werktagen ab Beginn der Nutzung.

Mit der Abnahme geht die Gefahr (die Beweisführung) auf den Auftraggeber über.

§ 13 Mängelansprüche

Der Auftragnehmer hat dem Auftraggeber seine Leistung zum Zeitpunkt der Abnahme frei von Sachmängeln zu verschaffen. Ist ein Mangel zurückzuführen auf die Leistungsbeschreibung oder auf Anordnungen des Auftraggebers, auf die von diesem gelieferten oder vorgeschriebenen Stoffe oder Bauteile oder die Beschaffenheit der Vorleistung eines anderen Unternehmers, haftet der Auftragnehmer, es sei denn, er hat die ihm nach § 4 Nr. 3 obliegende Mitteilung gemacht.

Die Frist für die Mängelansprüche (Gewährleistungsfrist) beträgt für Bauwerke, wenn nichts anderes vereinbart, vier Jahre (früher zwei Jahre) und beginnt mit der Abnahme. Man sollte diese Verjährungsfrist jedoch nicht über fünf Jahre (BGB) vereinbaren (oder nur mit Wartungsverträgen).

Der Auftragnehmer ist verpflichtet, während der Verjährungsfrist auf seine Kosten die Mängel zu beseitigen. (Nach Beseitigung beginnt erneut die Regelfrist von vier Jahren.)

Kommt der Auftragnehmer der Aufforderung zur Mängelbeseitigung innerhalb einer angemessenen Frist nicht nach, so kann der Auftraggeber die Mängel auf Kosten des Auftragnehmers beseitigen lassen.

Ist die Beseitigung des Mangels unmöglich, so kann der Bauherr Minderung der Vergütung verlangen.

§ 14 Abrechnung

Die Leistung ist prüfbar abzurechnen, d.h., die Rechnung ist übersichtlich aufzustellen, die Reihenfolge der Positionen sind einzuhalten und im Leistungsverzeichnis enthaltene Bezeichnungen sind zu verwenden. Bei Einheitspreisverträgen ist die Ermittlung der Mengen bzw. Massen durch entsprechende Berechnungen und Zeichnungen zu belegen.

§ 15 Stundenlohnarbeiten

Die Ausführung von Stundenlohnarbeiten ist dem örtlichen Bauleiter anzukündigen. Über die geleisteten Arbeitsstunden und den Aufwand für den Verbrauch an Stoffen sind entsprechende Formulare zu führen und wöchentlich einzureichen. Der örtliche Bauleiter hat sie innerhalb von sechs Werktagen nach Zugang zurückzugeben. Alle nicht fristgemäß zurückgegebenen Stundenlohnzettel gelten als anerkannt (Stundenlohnzettel nach der Schlussrechnung werden nicht mehr anerkannt).

In den Leistungsverzeichnissen sollen Stundenlohnarbeiten schon pauschal erfasst sein, um Mehrkosten in der Abrechnung zu vermeiden. In der Regel sind sie aufgegliedert nach Meister, Facharbeiter, Helfer, Gerät.

§ 16 Zahlung

Alle Zahlungen sind zügig zu leisten.

Abschlagszahlungen (Akontozahlungen) sind auf Antrag bzw. laut Vertrag in möglichst kurzen Zeitabständen zu gewähren (binnen 18 Werktagen).

Die Schlusszahlung ist alsbald nach Prüfung, spätestens innerhalb von zwei Monaten nach Zugang der prüfbaren, übersichtlichen Schlussrechnung (d.h. laut Leistungsverzeichnis) einschließlich Massenberechnung (Leistungs-ermittlung), zu leisten.

§ 17 Sicherheitsleistung

Die Sicherheit dient dazu, die vertragsgemäße Ausführung der Leistung und die Mängelansprüche sicherzustellen.

Arten der Sicherheiten:

– Einbehalt von höchstens 10 % von Teilzahlungsbeträgen bis zum Erreichen der Sicherheitssumme bis zur Abnahme; 3 % der Auftragssumme bis Ende der Gewährleistung
– eine 10%ige Vertragserfüllungsbürgschaft bzw. 3%ige Gewährleistungs-bürgschaft

§ 18 Streitigkeiten

Dieser Paragraph regelt den Gerichtsstand sowie die Klärung von Meinungs-verschiedenheiten und legt fest, dass Streitfälle den Auftragnehmer nicht berechtigen, die Arbeiten einzustellen.

7.2 Kostenanschlag

Der Kostenanschlag erfolgt in der Leistungsphase 7 aus Einheits- oder Pauschalpreis der Angebote, die Kostenkontrolle durch Vergleich mit der Kostenberechnung.

Sind Objekte nach einzelnen Gewerken ausgeschrieben, so sind Ausschreibungen, Vergabe und Abrechnung fließend, z.B.:

– Erdarbeiten sind abgerechnet
– Rohbauarbeiten sind vergeben
– Zimmererarbeiten sind ausgeschrieben.

Mehrkosten müssen dem Auftraggeber unverzüglich mitgeteilt werden.

Als Beispiel einer Gliederung für den Kostenanschlag zeigt die Abbildung 7.1 eine praxisbezogene Gliederung nach Gewerken, wie sie in DIN 276 von 1993 als Alternative zu den vorgegebenen Gliederungen vorsieht (siehe auch 3.4).

Bauherr:	Michael Mustermann		
Objekt:	Musterstraße		
Nr.	**Kostengruppe**	**Teilbetrag** **€**	**Gesamtbetrag** **€**
100	*Grundstück*		
110	**Grundstückswert**		
120	**Grundstücksnebenkosten**		
121	Vermessungsgebühren		
122	Gerichtsgebühren		
123	Notariatsgebühren		
124	Maklerprovisionen		
125	Grunderwerbsteuer		
126	Wertermittlungen, Untersuchungen		
127	Genehmigungsgebühren		
128	Bodenordnung, Grenzregulierung		
129	Grundstücksnebenkosten, Sonstiges		
130	**Freimachen**		
131	Abfindungen		
132	Ablösen dinglicher Rechte		
139	Freimachen, Sonstiges		
		Summe 100	
200	*Herrichten und Erschließen*		
210	**Herrichten**		
211	Sicherungsmaßnahmen		
212	Abbruchmaßnahmen		
213	Altlastenbeseitigung		
214	Herrichten der Geländeoberfläche		
219	Herrichten, Sonstiges		
220	**Öffentliche Erschließung**		
221	Abwasserentsorgung		
222	Wasserversorgung		
223	Gasversorgung		
224	Fernwärmeversorgung		
225	Stromversorgung		
226	Telekommunikation		
227	Verkehrserschließung		
229	Öffentliche Erschließung, Sonstiges		
230	**Nichtöffentliche Erschließung**		
240	**Ausgleichsabgaben**		
		Summe 200	

Abb. 7.1 a: Kostenanschlag nach DIN 276 von 1993 (gewerkebezogen), 3. Ebene

Nr.	Kostengruppe	Teilbetrag €	Gesamtbetrag €
300	***Bauwerk – Baukonstruktionen***		
310	**Erdarbeiten**		
319	Erdarbeiten, Sonstiges		
320	**Rohbau**		
321	Baustelleneinrichtung		
322	Mauerwerksarbeiten		
323	Beton und Stahlbeton		
324	Abdichtung		
325	Dränage		
329	Rohbau, Sonstiges		
330	**Dach**		
331	Zimmerarbeiten		
332	Dachdeckung		
333	Dachdichtung		
334	Gussasphalt		
339	Dach, Sonstiges		
340	**Edelrohbau**		
341	Putzarbeiten		
342	Trockenbau		
343	Schlosser		
344	Estrich		
345	Betonerhaltung		
349	Edelrohbau, Sonstiges		
350	**Bauelement**		
351	Fenster		
352	Rollladen		
353	Türen		
354	Treppen		
359	Bauelement, Sonstiges		
360	**Fassade**		
361	Putz		
362	Thermohaut		
363	Klinker		
364	Naturstein		
365	Schiefer		
369	Fassade, Sonstiges		

Abb. 7.1 b: Kostenanschlag nach DIN 276 von 1993 (gewerkebezogen), 3. Ebene

Nr.	Kostengruppe	Teilbetrag €	Gesamtbetrag €
370	**Ausbau**		
371	Fliesen		
372	Naturstein/Betonwerkstein		
373	Parkett		
374	Teppich		
379	Ausbau, Sonstiges		
390	**Maler**		
392	Gerüste		
393	Sicherungsmaßnahmen		
394	Abbruchmaßnahmen		
398	Zusätzliche Maßnahmen		
399	Maler, Sonstiges		
	Summe 300		
400	***Bauwerk - Technische Anlagen***		
410	**Sanitär**		
419	Sanitär, Sonstiges		
420	**Heizung**		
429	Heizung, Sonstiges		
430	**Lüftung**		
439	Lüftung, Sonstiges		
440	**Elektro**		
449	Elektro, Sonstiges		
450	**Fernmelde- und informationstechnische Anlagen**		
459	Fernmelde- und informationstechnische Anlagen, Sonstiges		
460	**Förderanlagen**		
469	Förderanlagen, Sonstiges		
470	**Nutzungsspezifische Anlagen**		
478	Müllentsorgung		
479	Nutzungsspezifische Anlagen, Sonstiges		
480	**Gebäudeautomation**		
483	EDV		
489	Gebäudeautomation, Sonstiges		
490	**Sonstige Maßnahmen für Technische Anlagen**		
499	Sonstige Maßnahmen für Technische Anlagen, Sonstiges		
	Summe 400		

Abb. 7.1 c: Kostenanschlag nach DIN 276 von 1993 (gewerkebezogen), 3. Ebene

Nr.	Kostengruppe	Teilbetrag €	Gesamtbetrag €
500	*Außenanlagen*		
510	**Geländeflächen**		
519	Geländeflächen, Sonstiges		
520	**Befestigte Flächen**		
529	Befestigte Flächen, Sonstiges		
530	**Baukonstruktionen in Außenanlagen**		
531	Einfriedung		
534	Carport		
535	Überdachungen		
539	Baukonstruktionen in Außenanlagen, Sonstiges		
540	**Technische Anlagen in Außenanlagen**		
541	Abwasseranlagen		
549	Technische Anlagen in Außenanlagen, Sonstiges		
550	**Einbauten in Außenanlagen**		
551	Fahrradständer		
559	Einbauten in Außenanlagen, Sonstiges		
590	**Sonstige Maßnahmen für Außenanlagen**		
599	Sonstige Maßnahmen für Außenanlagen, Sonstiges		
		Summe 500	
600	*Kunstwerke und Sonstiges*		
610	**Kunstwerke**		
620	**Sonstiges**		
		Summe 600	

Abb. 7.1 d: Kostenanschlag nach DIN 276 von 1993 (gewerkebezogen), 3. Ebene

Nr.	Kostengruppe	Teilbetrag €	Gesamtbetrag €
700	*Baunebenkosten*		
710	**Bauherrenaufgaben**		
719	Bauherrenaufgaben, Sonstiges		
720	**Vorbereitung der Objektplanung**		
729	Vorbereitung der Objektplanung, Sonstiges		
730	**Architekten- und Ingenieurleistungen**		
731	Gebäude		
732	Freianlagen		
735	Tragwerksplanung		
736	Technische Ausrüstung		
739	Architekten- und Ingenieurleistungen, Sonstiges		
740	**Gutachten und Beratung**		
741	Thermische Bauphysik		
743	Bodengutachten		
744	Vermessung		
745	Lichttechnik, Tageslichttechnik		
749	Sonstiges		
770	**Allgemeine Baunebenkosten**		
771	Prüfungen, Genehmigungen, Abnahmen		
779	Allgemeine Baunebenkosten, Sonstiges		
790	**Sonstige Baunebenkosten**		
		Summe 700	

	Zusammenstellung der Kosten		
	Zusammenstellung der Kosten		
	Summe 100	Grundstück	
	Summe 200	Herrichten und Erschließen	
	Summe 300	Bauwerk – Baukonstruktion	
	Summe 400	Bauwerk – Technische Anlagen	
	Summe 500	Außenanlagen	
	Summe 600	Ausstattung und Kunstwerke	
	Summe 700	Baunebenkosten	
		zur Abrundung	
	Geschätzte Gesamtkosten		

Abb. 7.1 e: Kostenanschlag nach DIN 276 von 1993 (gewerkebezogen), 3. Ebene

7.3 Prüfen und Werten der Angebote

Das Prüfen und Werten der Angebote muss mit besonderer Sorgfalt erfolgen. Das Erstellen eines Preisspiegels erfolgt in der Regel mit dem AVA-Programm. Hier werden die Einheitspreise und Gesamtpreise der einzelnen Bieter gegenübergestellt, die prozentualen Abweichungen gegenüber dem preiswertesten Bieter ermittelt und die einzelnen Positionen mit Positionsnummern und Kurztexten versehen.

Bei der Auswertung sind die Angebote nicht nur rechnerisch zu vergleichen, sondern auch zu bewerten. Im Einzelnen sind folgende Fragen zu klären:

– Gibt es angebotseinschränkende Hinweise in dem Anschreiben der Bieter?
– Sind die Angebote vollständig?
– Hat ein Bieter Veränderungen im Langtext bei einer oder mehreren Positionen vorgenommen?
– Sind Bewertungsfehler bei den Einheitspreisen zu erkennen, wurde z.B. die Betonwand nicht, wie ausgeschrieben, in Kubikmetern angeboten, sondern erheblich preiswerter in Quadratmetern?

Öffentliche Ausschreibung

Für öffentliche Ausschreibungen erfolgt die Prüfung der Angebote nach § 23 VOB Teil A: *Die Angebote sind rechnerisch, technisch und wirtschaftlich zu prüfen.* Der Einheitspreis ist bindend. Das Ergebnis der Prüfung ist in einer Niederschrift festzuhalten.

Die Wertung der Angebote behandelt § 25 VOB Teil A.

Ausgeschlossen aus der Wertung werden Angebote,

– die zum Eröffnungstermin nicht vorlagen
– die nicht unterschrieben sind bzw. Änderungen der Verdingungsunterlagen enthalten
– die unzulässige Wettbewerbsbeschränkungen enthalten
– die Änderungen oder Nebenangebote enthalten, wenn diese nicht zulässig sind.

Hiernach erfolgt die Prüfung der Bieter *nach Fachkunde, Leistungsfähigkeit und Zuverlässigkeit,* außerdem unter Berücksichtigung:

– eines rationellen Baubetriebes
– sparsamer Wirtschaftsausführung
– einwandfreier Ausführung und Gewährleistung.

7.4 Mitwirkung bei der Vergabe

7.4.1 Verhandeln mit den Bietern bei öffentlichen Ausschreibungen

Bei öffentlichen Ausschreibungen dürfen Verhandlungen mit den Bietern nur zur Aufklärung des Angebotsinhaltes und seine Eignung geführt werden (§ 24 VOB Teil A). Weitere Verhandlungen sind unstatthaft. Nach Prüfung des Angebotes und des Bieters erfolgt bei positivem Ergebnis die Vergabe an den preisgünstigsten Bieter.

7.4.2   Auftragserteilung durch den privaten Auftraggeber

Für den privaten Auftraggeber ist die Verhandlung mit den Bietern ein wichtiges Instrument zur Abgleichung der Angebote. Er kann z.B.:

– die mündlichen Aussagen der Bieter zu ihren Angeboten bewerten
– über eventuelle Nachlässe verhandeln und die Eckdaten der Ausführung abstimmen.

Vergabeprotokoll

Über diese Verhandlungen werden Vergabeprotokolle erstellt. Die wichtigsten Punkte, die verhandelt und protokolliert werden müssen, sind im Folgenden vermerkt:

Zunächst ist das Bauvorhaben zu nennen und das entsprechende Gewerk, außerdem werden die Vertragspartner mit vollständigen Anschriften genannt, bzw. die Teilnehmer, die an der Auftragsverhandlung teilgenommen haben.

Danach werden die einzelnen Punkte der Verhandlung aufgeführt:

– **Vertragsart**
  nach der die Leistung ausgeführt und abgerechnet wird

– **Vertragssumme**
  Hier ist die geprüfte Angebotssumme einschließlich Mehrwertsteuer festzuhalten. Nachtragsangebote sollten nach den Vertragsbedingungen des Hauptvertrages beauftragt werden. Abstimmen der Akontozahlung.

– **Vertragsgrundlagen**
  Hier ist zu klären, auf welcher Basis der Vertrag zustande kommt, sowie die Reihenfolge der einzelnen Vertragselemente.

– **Ausführungsunterlagen,**
  die Vertragsunterlagen sind, z.B. Ausführungspläne, nach denen Mengenansätze beim Pauschalpreisvertrag geprüft wurden.

– **Ausführungsfristen**
  Der Beginn, die Dauer und die Fertigstellung sind zu vereinbaren. Es sollte dabei ein Freiraum für Zwischentermine vorgesehen werden. Bei Terminverschiebungen sollte immer wieder Bezug auf die vereinbarten Termine des Bauvertrages genommen werden. Die Termine müssen angemessen sein.

– **Abrechnung**
  Die Zwischenrechnungen und Schlussrechnungen müssen in dreifacher Ausfertigung, einschließlich des prüfbaren Aufmaßes, auf den Namen des Bauherrn ausgestellt und zur Prüfung an den Architekten geschickt werden.

– **Zahlungsweise**
  Abschlagszahlungen (Akontozahlungen) sind in ihrer Auszahlungshöhe festzuschreiben, ebenso das Zahlungsziel (innerhalb von 18 Werktagen nach Zugang der Aufstellung). Ebenso ist die Schlusszahlung in ihrer Höhe festzulegen sowie das Zahlungsziel: etwa zwei Monate nach Zugang. (Bei kürzerem Zahlungsziel können Akontozahlungen – unabhängig von der Auftragshöhe – benannt werden.)

– Es sollte bei diesen Verhandlungen auf jeden Fall genügend Freiraum für
 weitere Vereinbarungen vorhanden sein, z.B. individuelle Vereinbarungen
 hinsichtlich des Bauschuttes, der Betriebsstoffe, der Vertragsstrafe etc.,
 wenn sie von den zusätzlichen bzw. Besonderen Vertragsbedingungen
 abweichen, diese müssen dann auch protokolliert werden.

– Benennung des Fachbauleiters

– Stempel, Datum und Unterschrift des Auftraggebers und des Auftragnehmers

Die Abbildung 7.2 zeigt den möglichen Aufbau eines Vergabeprotokolles.

Die Auftragserteilung darf nur durch den Bauherrn erfolgen. Der Architekt
bzw. Fachingenieur braucht zur Auftragserteilung eine schriftliche Vertretungsvollmacht. Er ist also nur beratend tätig. Entsprechend wird der Bauvertrag auch von den beiden Vertragspartnern, dem Auftragnehmer und dem
Auftraggeber unterzeichnet.

Vergabeprotokoll

Bauvorhaben:	_____
Gewerk:	_____
Zwischen der hier aufgeführten Firma als **Auftraggeber:**	_____
und dem hier aufgeführten Bauherrn als **Auftragnehmer:**	_____
Teilnehmer bei der Auftrags-verhandlung:	_____

Vertragsart: Einheitspreisvertrag/Pauschalpreisvertrag/
Stundenlohnvertrag

Vertragssumme: Vergütung   € _____
Mehrwertsteuer   € _____
Brutto   € _____

Abrechnung: Zwischen- und Schlussrechnung dreifach einschließlich
des prüfbaren Aufmaßes

Zahlungsweise:
                                                            Vergütung in €   Leistung
1.   Abschlagszahlung: _____ / _____
2.   Abschlagszahlung: _____ / _____
3.   Abschlagszahlung: _____ / _____
        Schlusszahlung: _____ / _____

Vertragsgrundlagen:
4.1   Dieser Bauvertrag
4.2   Besondere/Zusätzliche Vertragsbedingungen
4.3   Technische Vorbemerkungen
4.4   Pläne/Statik
4.5   VOB
4.6   Angebot des Auftragnehmers vom: _____

Ausführungsunterlagen: _____
                                        _____

Ausführungsfristen: Ausführungsbeginn: _____
                                    Ausführungsdauer: _____
                                    Zwischentermine: _____
                                    Fertigstellung: _____

Weitere Vereinbarungen: _____
                                        _____

Als Fachbauleiter ist bestellt: _____

Ort, Datum: _____   Ort, Datum: _____

Auftraggeber: _____   Auftragnehmer: _____

Abb. 7.2: Protokoll einer Vergabeverhandlung

7.4.3 Zusätzliche Vertragsbedingungen zur VOB Teil B

VOB Teil A enthält in § 10 Absatz 4 den Begriff Zusätzliche Vertragsbedingungen (der auch in den §§ 1 und 2 der VOB Teil B aufgenommen wurde); darin sind einige Punkte aufgeführt, die in diesen Bedingungen gesondert geregelt werden müssen.

Die Zusätzlichen Vertragsbedingungen sollen die VOB Teil B ergänzen. In der Praxis sammeln sich hier jedoch sehr umfangreiche Vertragsfragmente an, die möglicherweise der VOB oder dem AGB-Gesetz widersprechen.

In der Praxis zeigt sich, dass besonders die folgenden Punkte ergänzend zur VOB Teil B als Zusätzliche Vertragsbedingungen (siehe auch Abb. 7.3) geregelt werden müssen:

- Regelung der Bauschuttbeseitigung
- Haftung (Versicherungsdeckungssummen)
- Regelung der Vertragsstrafen
- Art der Abnahme
- Dauer der Gewährleistung
- Zahlungsbedingungen
- Sicherheitsleistungen

Vom Bundesbauministerium wurde das Vergabehandbuch für die Durchführung von Bauaufgaben des Bundes herausgegeben. Zur Aufstellung der zusätzlichen Vertragsbedingungen kann man sich danach orientieren.

Die Vertragsbedingungen in VOB Teil B und C sollten nur ergänzt werden, soweit dies notwendig ist. VOB Teil C durch die technischen Vorbemerkungen (siehe § 1 Nr. 2 d VOB Teil B) *„etwaige Zusätzliche Technische Vertragsbedingungen"*.

Zusätzliche Vertragsbedingungen zur VOB Teil B	
§ 4 Ausführung	Bauunterlagen für: Wasser, Strom, Toilettenbenutzung, Bauherrenvergütung, etc. wird eine Pauschale von der Auftragssumme vereinbart.
	Für die Beseitigung von Schutt kommt der Auftragnehmer selbst auf. Sollte dennoch Schutt zu beseitigen sein, so wird dieser vom Auftraggeber beseitigt und die Kosten auf die verschiedenen Auftragnehmer umgelegt.
§ 10 Haftung der Vertragsparteien	Der Auftragnehmer ist haftpflichtversichert bei:
	Mindestdeckungssummen
	Personen: _____
	Sachen und Vermögen: _____
§ 11 Vertragsstrafe	Die Vertragsstrafe beträgt je Werktag der Überschreitung vom Zwischentermin und/oder Fertigstellungstermin 0,3 % der Auftragssumme jedoch nicht über 10 %.
§ 12 Abnahme	Es wird eine förmliche Abnahme vereinbart.
§ 13 Mängelansprüche	Die Mängelansprüche an den Auftragnehmer verjähren nach vier Jahren, Beginn mit der Abnahme (nach VOB Teil B 2002).
§ 16 Zahlung	Die Schlussrechnung muss spätestens 20 Werktage nach Fertigstellung eingereicht werden.
	Mit Überweisung der Schlussrechnung tritt eine Ausschlusswirkung ein, das bedeutet, es dürfen keine Nachforderungen mehr gestellt werden.
§ 17 Sicherheitsleistung	Es werden 100 % der Auftragssumme ausbezahlt, wenn der Auftragnehmer eine Vertragserfüllungsbürgschaft in Höhe von 10 % erbringt, die nach Abnahme durch eine Gewährleistungsbürgschaft in Höhe von 3 % abgelöst werden kann. Ansonsten kommen 90 % zur Auszahlung.
§ 18 Streitigkeiten	Für Streitigkeiten gilt der Gerichtsstand des Auftraggebers.

_____   _____
Datum, Ort   Datum, Ort

_____   _____
Auftraggeber   Auftragnehmer

Abb. 7.3: Einige Beispiele für Zusätzliche Vertragsbedingungen

7.5   Bauvertrag

Die auszuführende Leistung wird nach Art und Umfang durch den Vertrag bestimmt (§ 1 VOB Teil B). Als Bestandteil des Vertrages gelten auch die Allgemeinen Technischen Vertragsbedingungen für Bauleistungen (VOB Teil C).

Der Bauauftrag sollte nach Leistung vergeben werden, und zwar als:

Einheitspreisvertrag (Abrechnung nach Ausführung)

Hier ist der vom Auftragnehmer angebotene Einheitspreis festgeschrieben und die Mengenansätze werden nach der tatsächlich ausgeführten Leistung bzw. den Abrechnungsregeln der VOB Teil C abgerechnet.

Pauschalvertrag (vorweggenommene Abrechnung)

Hier sind der Einheitspreis und die Mengenansätze festgeschrieben, so dass die Abrechnungssumme vor Ausführung fest vereinbart werden kann. Der Unternehmer prüft aufgrund der Ausführungsplanung die ermittelten Mengen. Danach darf die Ausführungsplanung (Vertragsplanung) nicht mehr geändert werden, anderenfalls ist der Unternehmer zu Nachträgen berechtigt.

Dieser Vertrag ist für den Bauherrn vorteilhaft: Wenn alle Gewerke pauschal oder das gesamte Objekt (schlüsselfertig) vergeben werden, ist die Finanzierung besser zu planen.

Pauschalvertrag auf Basis einer funktionalen Leistungsbeschreibung

Hier wird in der Regel von einem Generalunternehmen *ein Stück Objekt* pauschal angeboten. Der Auftraggeber definiert die Qualität in einer Qualitätsbeschreibung und die Mengen ermittelt der Generalunternehmer auf Basis der Ausführungsplanung.

Weitere Vertragsarten

Die folgenden Vertragsarten sind keine Leistungsverträge:

–   Stundenlohnvertrag (§ 5 VOB Teil A, siehe 6.1)
–   Selbstkostenerstattungsvertrag (§ 5 VOB Teil A, siehe 6.1)

Gliederung

Die Abbildung 7.4 stellt beispielhaft die Bestandteile dar, in die ein Bauvertrag gegliedert werden kann. Bei Widersprüchen der Vertragsbestandteile gilt das Spezielle vor dem Allgemeinen.

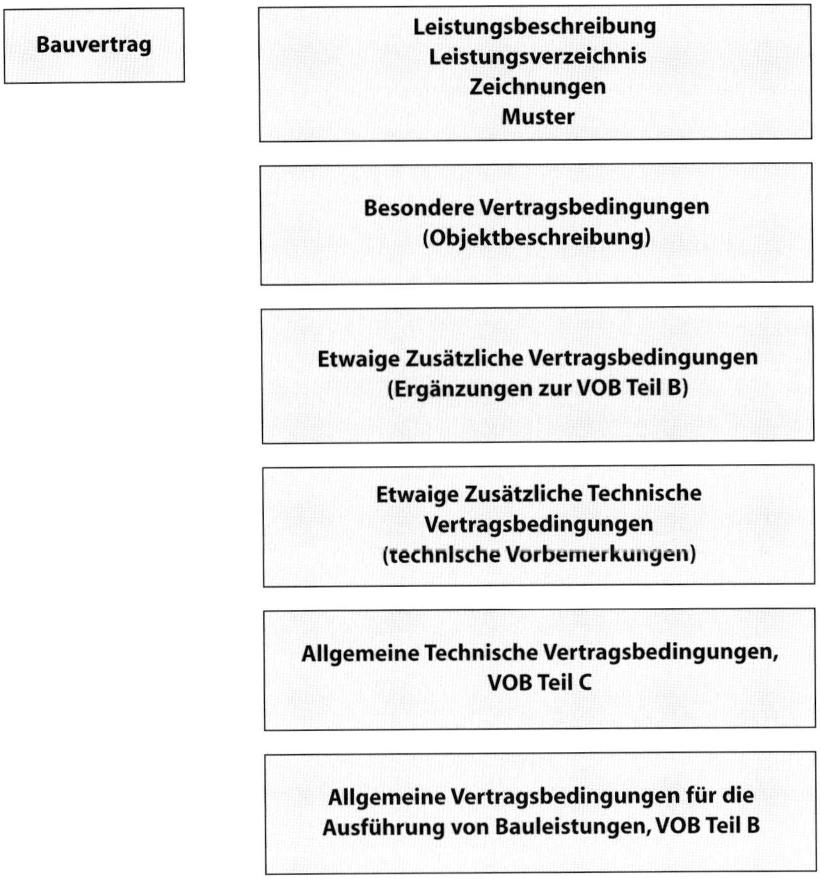

Bauvertrag

**Leistungsbeschreibung
Leistungsverzeichnis
Zeichnungen
Muster**

**Besondere Vertragsbedingungen
(Objektbeschreibung)**

**Etwaige Zusätzliche Vertragsbedingungen
(Ergänzungen zur VOB Teil B)**

**Etwaige Zusätzliche Technische
Vertragsbedingungen
(technische Vorbemerkungen)**

**Allgemeine Technische Vertragsbedingungen,
VOB Teil C**

**Allgemeine Vertragsbedingungen für die
Ausführung von Bauleistungen, VOB Teil B**

Abb. 7.4: Bestandteile eines Bauvertrages

7.6   Mitwirkung bei der Vergabe nach HOAI, Leistungsphase 7

Die Mitwirkung bei der Vergabe wird in der HOAI in folgende Teilleistungen gegliedert:

– Zusammenstellen der Vertragsunterlagen für alle Leistungsbereiche
– Einholen von Angeboten
– Prüfen und Bewerten der Angebote einschließlich Aufstellen eines Preisspiegels
– Abstimmen der Leistungen der Fachingenieure
– Verhandlung mit den Bietern
– Kostenanschlag und Kostenkontrolle nach DIN 276.

8 Bauausführung

Die Bauausführung erfolgt im Zusammenwirken zwischen dem Projektkoordinator (Architekt), den Fachplanern und den ausführenden Firmen.

8.1 Am Bau Beteiligte

Auftragnehmer
(nach VOB Teil B § 4)

Der Auftragnehmer hat seine Leistung nach dem Vertrag, den allgemein anerkannten Regeln der Technik sowie gesetzlichen und behördlichen Bestimmungen auszuführen, d.h. u.a.:

– Der Auftraggeber steht gegenüber dem Auftragnehmer für eine ordnungsgemäße Leistung ein.
– Darüber hinaus ist der Auftragnehmer verpflichtet, auf vorhandene Mängel an den örtlichen Gegebenheiten oder in der Planung rechtzeitig hinzuweisen.
– Der Auftragnehmer hat für Ordnung auf seiner Arbeitsstelle zu sorgen.

Der Auftragnehmer (Unternehmer) hat auf der Baustelle dafür zu sorgen, dass

– die angrenzende Bebauung ausreichend gesichert ist (Unterfangungsarbeiten, Abbrucharbeiten etc.).
– der Verkehr durch Abgrenzung, Schilder, Beleuchtung gesichert ist (Baustellenein- und -ausfahrt, Inanspruchnahme von Straßenland etc.)
– die Baustellenabgrenzung sicher ist (geschlossener einwandfreier Bauzaun, Schutz für vorübergehende Fußgänger).

Der Auftragnehmer ist für die Erfüllung der gesetzlichen, behördlichen und berufsgenossenschaftlichen Verpflichtungen gegenüber seinen Arbeitnehmern verantwortlich. Er muss für die Sicherung der Arbeitsstelle sorgen, d.h. Gerüste, Abdeckungen von Deckendurchbrüchen, Sicherung der Treppen mit behelfsmäßigen Geländern, Notbeleuchtungen im Keller etc.

Der Auftragnehmer haftet für alle ihm übergebenen Gegenstände oder Objekte bis zur Abnahme, z.B.:

– vom Auftraggeber zur Verfügung gestellte Sanitärräume
– während der Bauzeit zur Verfügung gestellte Lagerflächen
– für die von der Kommune zur Verfügung gestellten Verkehrsflächen etc.

Die Verpflichtung zur Kontrolle aller Maßnahmen obliegt dem Bauleiter.

Bauleiter

Im Baugeschehen kennt man drei verschiedene Bauleiter, den

- *Bauleiter des Auftraggebers* (Bauträger, Architekt, Bauherr selbst)
- *Bauleiter des Auftragnehmers* (Bauunternehmer, Bauhandwerker)
- *Bauleiter der Aufsichtsbehörde,* der die ordnungsgemäße Ausführung entsprechend der Genehmigung in Stichpunkten überprüft (Rohbauabnahme, Fertigabnahme).

Aufgaben des Bauleiters

Entsprechend der Landesbauordnung (LBO) NRW hat der Bauleiter *darüber zu wachen, dass die Baumaßnahme dem öffentlichen Baurecht, insbesondere den allgemein anerkannten Regeln der Technik und den Bauvorlagen entsprechend durchgeführt wird.*

Er hat im Rahmen seiner Aufgaben zu achten:

- *auf den sicheren bautechnischen Betrieb der Baustelle*
- *das gefahrlose Ineinandergreifen der Arbeiten*
- *die Einhaltung der Arbeitsschutzbedingungen.*

Der Bauleiter ist nach der LBO mit Name und Anschrift persönlich zu benennen (im Genehmigungssymbol „*der rote Punkt*" einzutragen). Dies kann der Bauleiter des Auftragnehmers sein, wenn z.B. ein Objekt von einem Unternehmer schlüsselfertig erstellt wird oder der bauleitende Architekt als Bauleiter, wenn das Objekt in Einzelgewerken vergeben und erstellt wird.

Bauleiter des Auftraggebers

Er hat die Aufgaben der Objektüberwachung nach § 15 HOAI, Leistungsphase 8, zu erfüllen.

Er hat für den Auftraggeber nach § 4 VOB Teil B folgende Aufgaben zu erfüllen:

- *für die Aufrechterhaltung der allgemeinen Ordnung der Baustelle zu sorgen*
- *das Zusammenwirken der verschiedenen Unternehmer zu regeln*
- *öffentlich-rechtliche Genehmigungen,* wenn notwendig, *herbeizuführen.*

Bauleiter des Auftragnehmers

Er hat für den Auftragnehmer nach § 4 VOB Teil B folgende Aufgaben zu erfüllen:

- Die Bauleistung eigenverantwortlich auszuführen, d.h. der Bauleiter bestimmt die Verfahren bzw. die Arbeitsweise in der Regel nach wirtschaftlichen Gesichtspunkten. Die Ausführung muss jedoch entsprechend dem Bauvertrag (Pläne, Leistungsverzeichnis), den allgemein anerkannten Regeln der Technik und den gesetzlichen und behördlichen Bestimmungen ausgeführt werden (siehe auch unter Auftragnehmer).
- Für den Auftragnehmer übernimmt dessen Bauleiter die Verantwortung für die Arbeitnehmer des Unternehmens, d.h. in erster Linie hat der örtliche Bauleiter dafür zu sorgen, dass die Arbeitsschutzvorschriften eingehalten werden (Helmpflicht, Sicherheitsschuhe, Gerüstverankerungen etc.).

– Der Bauleiter muss seine Leistung bis zur Abnahme vor Diebstahl und Zerstörung schützen, d.h. er muss die Leistung innerhalb seines Gewerkes vor Beschädigung bei der Ausführung der nachfolgenden Gewerke bis zur Abnahme schützen (Aluminiumelemente einschließlich Verglasung vor Putz-, Maler- und Verklinkerungsarbeiten).

Bauleiter nach § 59 a LBO NRW

Der Bauleiter hat darüber zu wachen, dass die Baumaßnahme dem öffentlichen Recht, insbesondere den allgemein anerkannten Regeln der Technik und den Bauvorlagen entsprechen.

Er hat auf den sicheren bautechnischen Betrieb der Baustelle, auf das gefahrlose Ineinandergreifen der Arbeiten der Unternehmer und auf die Einhaltung der Arbeitsschutzbestimmungen zu achten.

Der Bauleiter hat den Baubeginn, die Fertigstellung des Rohbaus und die Gesamtfertigstellung anzuzeigen.

Der Bauleiter muss über die erforderliche Sachkunde und Erfahrung verfügen. Besitzt der Bauleiter für einzelne Fachgebiete nicht die erforderliche Sachkunde und Erfahrung, muss er erwägen, einen Fachbauleiter hinzuzuziehen und seine Tätigkeiten mit ihm abzustimmen.

Vollmacht des Bauleiters des Auftraggebers

Mit der Beauftragung des Architekten (Fachingenieurs) nach HOAI zur Bau- bzw. Objektüberwachung hat der Bauherr (Auftraggeber) noch keine Aussage gemacht, inwieweit er dem Architekten (Fachingenieur) eine Vollmacht erteilt hat. Die Rechtsprechung geht hier davon aus, dass die *Vollmacht* nur sehr *eingeschränkt* (originär) erteilt wurde. Die Vollmacht beschränkt sich auf Maßnahmen, die notwendig sind, damit der Bauleiter seine Aufgaben ordnungsgemäß erledigen kann; also zur Durchführung von Rechten des Bauherrn, z.B.: Weisungen erteilen, Mängelrügen ausstellen, in Verzug setzen, Aufträge in kleinerem Umfang (Tagelohnzettel) erteilen, technische Abnahme durchführen, sachliche Rechnungsprüfung vornehmen.

Die *aktive Vertretungsvollmacht* muss der Bauherr jedoch ausdrücklich und schriftlich erteilen. Ohne diese Vollmacht sind die Weisungen des Architekten oder Fachingenieurs als Bauleiter nicht rechtskräftig. Mit einer schriftlichen Vollmacht ist der Bauleiter des Auftraggebers zu Folgendem befugt:

– Beauftragung von Fachingenieuren oder Sonderfachleuten
– Verzicht auf Gewährleistungsansprüche und Vorhaltung von Vertragsstrafen
– Vertragsänderungen
– rechtsgeschäftliche Abnahme
– Anerkennung von Rechnungen
– Gewährung von Terminverlängerungen.

Vollmacht des Bauleiters des Auftragnehmers

Der Bauleiter des Auftragnehmers bedarf auch einer Vollmacht (Handlungs-
vollmacht des Unternehmers), um dem Bauherrn oder dem bauleitenden
Architekten rechtliche Zugeständnisse einzuräumen, z.B.: auf Forderungsver-
zichte einzugehen (Nachtragsforderung), Terminzugeständnisse bei Vertragsstrafe etc.

8.2   Objektüberwachung nach HOAI, Leistungsphase 8

Die Objektüberwachung (Bauüberwachung) wird in der HOAI in folgende
Teilleistungen gegliedert:

– Überwachen der Ausführung des Objektes nach Qualität (nach den aner-
  kannten Regeln der Technik, ohne Spezialkenntnisse)
– Überwachen der Ausführung von Tragwerken (Abnahme der Bewehrung,
  wenn Fachkenntnisse nicht ausreichen, Tragwerksplaner beauftragen; für
  ihn ist das Abnehmen der Bewehrung eine Besondere Leistung)
– Koordinieren der fachlich Beteiligten
– Aufstellen und Überwachen eines Bauzeitenplanes
– Führen eines Bautagebuches
– Aufmaß und Abrechnung
– Abnahme der Bauleistung (technische Abnahme)
– Rechnungsprüfung
– Kostenfeststellung
– Antrag auf behördliche Abnahme
– Übergabe des Objektes
– Überwachen der Mängelbeseitigung
– Kostenkontrolle

Als Besondere Leistungen gelten u.a.:

– Aufstellen und Fortschreiben eines Zahlungsplanes
– Tätigkeit als verantwortlicher Bauleiter nach LBO

8.3   Aufgaben der Objektüberwachung

Entsprechend der HOAI, Leistungsphase 8 sind bei der Objektüberwachung
folgende Kontrollen durchzuführen:

– Die Qualität ist zu überwachen, dokumentiert im Bautagebuch.
– Die Ausführungstermine sind zu kontrollieren, dokumentiert im Bauzeitenplan.
– Die Kosten sind zu kontrollieren, dokumentiert im Kostenanschlag bzw. in
  der Kostenfeststellung.

Unter diesen Gesichtspunkten muss die Baustelle regelmäßig sorgfältig
kontrolliert werden.

8.3.1 Qualitätskontrolle

Die Qualität der Ausführung muss zwar nicht ständig kontrolliert werden (keine ständige Anwesenheitspflicht des Bauleiters), jedoch sind nur gelegentliche Stichproben der Ausführung hinsichtlich der Qualität nicht ausreichend. Ein erfahrener Bauleiter führt die Häufigkeit der Kontrollen nach Einschätzung der Qualität der ausführenden Firmen durch. In jedem Fall sind die wichtigen Bauarbeiten zu überwachen, d.h. diejenigen, bei denen ein nachhaltiger Mangel entstehen könnte.

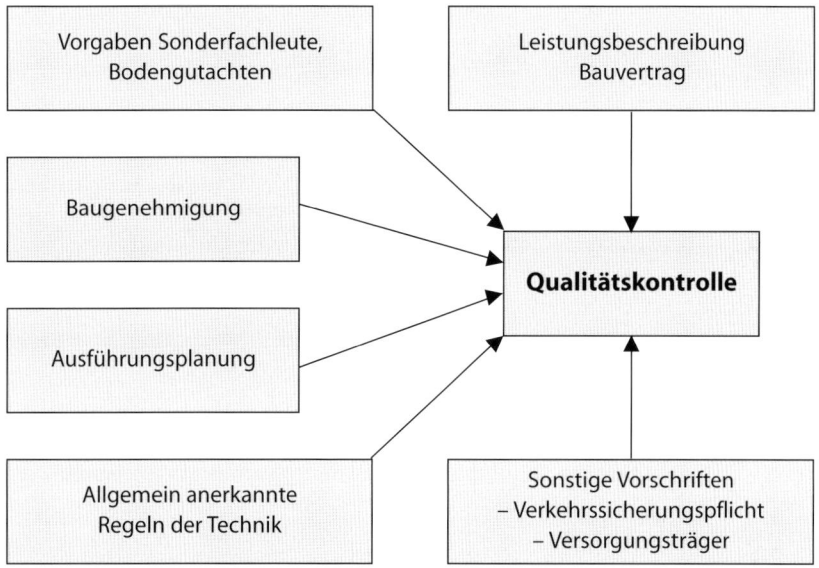

Abb. 8.1: Kontrolle der Qualität der Ausführung

Reichen die Kenntnisse des Bauleiters für die Kontrolle der Qualität nicht aus, so muss er einen entsprechenden Fachbauleiter einschalten, z.B. bei der Bewehrungsabnahme den Tragwerksplaner.

Weicht die Ausführung von der vertraglich vereinbarten Leistung ab (Ausführungsmangel), so hat der Bauleiter den Auftragnehmer rechtzeitig auf die Mangelbeseitigung hinzuweisen (in Form einer Mängelrüge, siehe Abbildung 8.2).

Der Auftragnehmer muss diese Mängel schon während der Ausführung beseitigen (Vertragserfüllungsmängel).

Werden vom Auftraggeber Konstruktionen bzw. Ausführungsqualitäten gefordert, die in den entsprechenden Gewerken nicht den allgemein anerkannten Regeln der Technik entsprechen, so hat der Auftragnehmer schriftlich darauf hinzuweisen (Hinweispflicht).

Firma
Mustermüller   02. 01. 2002
Musterstraße 1

12345 Musterdorf

Mängelrüge

Baumaßnahme: Haus Mustermann (Terrasse)	**Gewerk:** Schlosserarbeiten
Bauherr: Mustermann	**Bauvertrag:** 11.01.2001

Sehr geehrte Damen und Herren,

aufgrund der im o. g. Bauvertrag vereinbarten Leistungen sind folgende Mängel festgestellt
worden:

Mängelbeschreibung:

Die Glaseindeckung wurde nicht im ausgeschriebenen System hergestellt: Schüco System
SK 60, sondern mit zu geringen Überlappungen in Silikon auf die Stahlkonstruktion bzw. auf
die Rinnen aufgeklebt und ohne Dichtungsprofile auf den Stahlträgern verschraubt. Die Ent-
wässerungsrinnen zwischen den Glasscheiben wurden nicht in Titan-Zink, sondern in feuer-
verzinktem Blech ausgeführt und im Durchbiegungspunkt gestoßen.

Die Konstruktion weist umfangreiche Korrosionsschäden auf und ist im gesamten Bereich
undicht.

☐   Wir bitten Sie, die beanstandeten Leistungen auf Ihre Kosten durch vertragsgemäße Leistungen zu ersetzen, und zwar bis zum **14.01.2002.**

☐   Wir bitten Sie, uns dieses Schreiben nach Beendigung der Arbeiten mit untenstehender
Bestätigung durch den Bauherrn (oder seinen Mieter) wieder zurückzusenden.

Mit freundlichen Grüßen

Bestätigung des Bauherrn, dass die oben genannten Mängel zu seiner Zufriedenheit
behoben wurden.

Der Bauherr:

Abb. 8.2: Beispiel einer Mängelrüge

Bautagebuch

Die Ausführungsqualität ist nicht nur zu kontrollieren, sondern auch zu dokumentieren. Dieses erfolgt in Form eines Bautagebuches und durch eine Fotodokumentation. Das Führen des Bautagebuches gehört zu den Grundleistungen der Leistungsphase 8 der HOAI. Es sollte in Formblättern geführt werden und folgende Eintragungen enthalten:

- Objekt, Gewerk, Tagesdatum, Wetter, Temperatur
- Beteiligte Firmen und Personen, Tätigkeiten und Arbeitszeit
- Baufortschritt und besondere Vorkommnisse
- Ort der Baubesprechung, Unterschrift

Die Abbildung 8.3 zeigt ein ausgefülltes Formblatt eines Bautagebuches.

Bauvorhaben:	Haus Mustermann
Gewerke:	Installationsarbeiten: Sanitär, Heizung, Elektro

Datum: 25.06.2002 _____ **Witterung:** sonnig, trocken _____ **Temperatur:** 25 °C _____

Am Objekt arbeitende Firmen:	Fa. Schmitz, Fa. Schulze, Fa. Meier _____
Termine:	Die Sanitärfirma Schmitz/Heizungsfirma Schulze wird bis Ende 28. KW die Installationsleitungen abdrücken. Die Elektroinstallation wird bis Ende 28. KW fertig gestellt, so dass die Aussparungen geschlossen werden können.
Tätigkeiten:	Verlegung der Sanitärinstallationsleitung, Verlegung der Heizungsinstallationsleitung, Verlegung der Elektroinstallationsleitung
Besonderheiten:	Von der Sanitärfirma Schmitz wurden die Aussparungen der Decken (Installationsschacht) weiter aufgestemmt. Entsprechende Tagelohnleistungen wurden unterzeichnet.
Aufwand:	Aufstemmen der Keller-, Erdgeschoss- und Obergeschossdecken: 8 Stunden.

Musterdorf, den 25.06.2002   Unterzeichner: _____

Abb. 8.3: Ausgefülltes Formblatt eines Bautagebuches

8.3.2   Beweissicherung bei Nachbarbebauung

In Ballungsgebieten ist die Erstellung von Objekten oft nur in unmittelbarer Anbindung an die Nachbarbebauung möglich; das bedeutet z.B.:

- gemeinsamer Giebel bei einer Altbausanierung
- Unterfangung der Fundamente des Nachbargebäudes zur Gründung einer neuen Giebelwand
- Sicherung des nachbarlichen Erdreiches oder der Einfriedungswand (durch Verbau) bei neu zu erstellender Baugrube
- Inanspruchnahme von Lagerflächen außerhalb des eigenen Grundstückes.

In solchen Fällen empfiehlt es sich den Ist-Zustand der Nachbarbebauung, bzw. Außenanlagen zu untersuchen und für eine spätere Beweissicherung zu dokumentieren.

Zu empfehlen ist dabei folgende Vorgehensweise: Der Bauherr unternimmt eine gemeinsame Begehung mit seinem Nachbarn. Bei dieser Begehung sollte die Qualität der gefährdeten nachbarlichen Bausubstanzen beschrieben und durch eine fotografische Dokumentation ergänzt werden. Möglicherweise empfiehlt es sich, zur Beurteilung der Bausubstanz einen unabhängigen Sachverständigen einzuschalten.

Für den Fall einer späteren Beschädigung sollte von vornherein eine Einigung über Mängelbeseitigung, bzw. Ausgleichszahlungen getroffen werden.

8.3.3   Bauzeitenplan

Im Bauzeitenplan wird die Leistung der einzelnen Unternehmer nach ihrer Dauer – in Abschnitten geordnet – dargestellt (als Volumen, Zeitdiagramm). Eine übersichtliche Darstellung bietet hier, vor allem im Hochbau, der Balkenplan bzw. der vernetzte Balkenplan: Hier werden in der Vertikale die einzelnen Leistungen (Gewerke) übersichtlich untereinander angeordnet. In die Horizontale trägt man den Zeitraum ein, in dem das Objekt abzuwickeln ist. Sind die Abhängigkeiten der einzelnen Bauleistungen sehr komplex zueinander, empfiehlt sich die Darstellung der Bauzeiten in Form der Netzplantechnik (siehe Abb. 8.4).

Bedeutung des Bauzeitenplanes (Terminplanes):

- Übersicht für den Bauherrn und Architekten und alle am Bau Beteiligten über alle Bauleistungen, über die gesamte Baustelle
- Hinweis für einzuhaltende Arbeits- bzw. Zahlungstermine (Einhaltung der Arbeitstermine, besonders auch wichtig für die Gültigkeit der Einheitspreise als Festpreise)
- Wichtig auch für rechtzeitige Auftragserteilung an die nachfolgenden Gewerke (Übersicht durch vertikale Zeitbalken im Balkenplan).

Auf der Basis des Bauzeitenplanes lässt sich ein Zahlungsplan entwickeln, aus dem zu ersehen ist, zu welchem Zeitpunkt die Unternehmer ihre Zahlungen zu erwarten haben. Ein solcher Zahlungsplan wird von den Bauherren häufig zur Einrichtung des Baukontos benötigt (Erstellung eines Zahlungsplanes ist nach der HOAI eine Besondere Leistung).

Objekt: Musterstraße **Bearbeitet:** .... **Datum:** ....

Nr.	Aufgabe	WOCHEN																													
		01	02	03	04	05	06	07	08	09	10	11	12	13	14	15	16	17	18	19	20	21	22	23	24	25	26	27	28	29	30
01	Erdarbeiten			Aushub:								Verfüllen																			
02	Hausanschlussleitungen																														
03	Rohbauarbeiten					GR	KG	EG	OG	DG																					
04	Zimmerer										■																				
05	Dachdecker											■																			
06	Sanitär														■																
07	Heizung												■																		
08	Elektro												■																		
09	Fenster						Aufmaß				■		Lieferzeit					Montage													
10	Innentüren																										TB				
11	Treppen													Z			KT											SF			
12	Innenputz/Außenputz																	Innenputz Au.-P.													
13	Trockenbau																						■								
14	Estrich																					Austrocknungszeit									
15	Fliesen																								W	B	B				
16	Maler																														
17	Oberboden																												■		
18	Außenanlagen																														
19	Abnahme																														■

GR = Gründung OG = Obergeschoss Au.-P. = Gründung KT = Konstruktion
KG = Kellergeschoss DG = Dachgeschoss TB = Türblätter SF = Stufen
EG = Erdgeschoss Z = Zargen B = Bodenfliesen W = Wandfliesen

Abb. 8.4: Beispiel eines Bauzeitenplanes

8.3.4   Terminkontrolle

Um eine Terminkontrolle zu erhalten, ist der aufgestellte Bauzeitenplan (Soll) mit den tatsächlichen Werten (Ist) ständig zu vergleichen, vor allem sind die Ausführungen, die auf einem kritischen Weg liegen (Ausführungen, die bei Abweichungen den Endtermin beeinflussen) besonders zu beachten.

Bei Terminabweichungen muss der Bauleiter des Auftraggebers eingreifen. Er kann z.B. Folgendes unternehmen:

– den entsprechenden Auftragnehmer in Verzug setzen (siehe auch unten)
– terminbeschleunigende Maßnahmen (Überstunden, Zulagen, höherer Geräteeinsatz etc.) mit dem Auftragnehmer abstimmen
– nach alternativen Ausführungsmöglichkeiten suchen, die eine Termin-beschleunigung bedeuten (Fertigteile verwenden, anstatt Ortbetonlösung etc.).

Der Bauleiter des Auftraggebers hat die Koordinierungspflicht (§ 4 Nr. 1 VOB Teil B), d.h., er sorgt für die Einhaltung der Bauzeitenpläne. Für Fehl-leistungen (Terminüberschreitungen) kann der Bauherr den Bauleiter in Regress nehmen (Schadensersatzleistung).

Gerät der Auftragnehmer unverschuldet in Verzug (die Leistung des Vor-unternehmers ist nicht rechtzeitig fertig), so muss er dies dem Bauherrn schriftlich mitteilen. Die Beweispflicht liegt beim Auftragnehmer.

Ist der Auftragnehmer schuldhaft in Leistungsverzug geraten und macht keine Anstrengungen, diesen aufzuholen, so setzt der Bauleiter des Auftrag-gebers ihn in Verzug. Nach Ablauf einer Nachfrist kann der Bauherr Schadensersatz verlangen oder die schriftliche Kündigung erteilen (siehe auch Abb. 8.5).

Firma
Musterfirma   02. 01. 2002
Musterstraße 1

12345 Musterhausen

Terminrüge

Baumaßnahme: Haus Mustermann	**Gewerk:**	Dachabdichtung
Bauherr: Mustermann	**Bauvertrag:** 11.11.2001	

Sehr geehrte Damen und Herren,

bei dem oben angeführten Bauvorhaben muss leider festgestellt werden, dass die vertraglich vorgesehenen Ausführungsfristen wie folgt von Ihnen nicht eingehalten wurden:

Ausführungsbeginn:	Bauzeitenplan
Zwischentermine:	in Abstimmung mit der Bauleitung 01.12.2001
Fertigstellung:	11.12.2001

Es wird hiermit beanstandet, dass Sie

☐ den Beginn der Ausführung verzögert haben.

☐ die Baustelle so unzureichend mit Arbeitskräften, Geräten, Stoffen und Bauteilen versehen haben, dass die vereinbarten Fristen offenbar nicht eingehalten werden konnten.

Im Interesse eines reibungslosen Bauablaufes und zur Vermeidung der Ihnen andernfalls gemäß § 5 Nr. 4, § 6 Nr. 6, § 8 Nr. 3 VOB Teil B drohenden Rechtsnachteile werden Sie hiermit aufgefordert,

☐ unverzüglich mit der Bauausführung zu beginnen.

☐ dem unzulänglichen Einsatz von Arbeitskräften, Geräten, Baustoffen und Bauteilen sofort abzuhelfen, insbesondere: …………………………………

Wir weisen Sie darauf hin, dass nach den Zusätzlichen Vertragsbedingungen die Vertragsstrafe in Höhe von 0,3 % der Auftragssumme je Werktag (jedoch nicht mehr als 10 %) in Abzug gebracht wird, mit dem ………… beginnend.

Bitte beachten Sie, dass Sie sich mit Zugang dieses Schreibens im Schuldnerverzug befinden. Gemäß § 8 Nr. 6 VOB Teil B ist der Bauherr berechtigt, auch ohne Kündigung Ersatz des durch die Verzögerung etwa entstandenen Schadens zu verlangen. Dieser Anspruch wird ausdrücklich vorbehalten.

Mit freundlichen Grüßen

Abb. 8.5: Beispiel einer Terminrüge

8.3.5   Kostenkontrolle

Die Kostenkontrolle erfolgt nicht nur während der Ausführung, sondern vom Beginn bis zur Fertigstellung des Objektes, wenn dem Projektkoordinator Erkenntnisse über mögliche Kostenabweichungen vorliegen. Der Bauherr ist hiervon umgehend zu informieren. Die HOAI schreibt als erste Kostenkontrolle den Vergleich der Kostenschätzung (Leistungsphase 2) zur Kostenberechnung (Leistungsphase 3) vor.

In der weiteren Objektabwicklung sind die Kostenkontrollen fließend je nach Vergabestand der Erschließung, der Honorarvereinbarungen, der Vergabe der Gewerke bzw. Gebührenfestsetzung, Finanzierungskosten etc.

Mit Beginn der Leistungsphase 7 werden in der Chronologie des Projektablaufes die Gewerke entsprechend dem Marktangebot ausgeschrieben, vergeben und es wird der Kostenanschlag erstellt, wie schon in Kapitel 7 erwähnt.

Die Kostengruppen der DIN 276 sind grundsätzlich nicht in Vergabeeinheiten nach Gewerken gegliedert. Jedoch lässt die DIN 276 auch eine Gliederung nach Gewerken zu, nach der in diesem Buch die Kostenplanung und -kontrolle behandelt wird.

Nur geringere Abweichungen von der Kostenschätzung sind zu erwarten, wenn die Leistungsbeschreibung richtig und vollständig erstellt wurde.

Alle Abweichungen, wie Nachträge bzw. Minderungen, sind in der Kostendokumentation entsprechend hervorzuheben.

8.4   Checkliste zur Ausführung

Ausführung Erstatten von Anzeigen an die Bauaufsicht (Baubeginn, Rohbaufertigstellung, Gebrauchsfertigstellung)	Bemerkungen
Koordinierung der Fachplaner	
Vermesser (Höhenfestpunkte, Festlegung der Hauptachsen)	
Bodengutachter (Abnahme der Gründungsebene)	
Tragwerksplaner (Abnahme der Bewehrung)	
Sachverständige, stichpunktartige Kontrolle	
Eventuelle Beweissicherung von vorhandenen Einrichtungen, die durch die Baumaßnahme betroffen werden	
Beantragung (muss frühzeitig geschehen) der Hausanschlüsse für:	
– Entwässerung	
– Bewässerung	
– Strom, Gas und Telefon	
Rechtzeitige Übergabe von Unterlagen (Ausführungspläne, Berechnungen, Vorgaben etc.)	
Überwachung der Ausführung nach:	
– Baugenehmigung	
– Ausführungsplänen	
– Leistungsbeschreibung	
– allgemein anerkannten Regeln der Technik	
Leistungskontrolle:	
– regelmäßig umfassend und sorgfältig	
– an den Ausführungen, bei denen ein nachhaltiger Mangel entstehen könnte	
– bei notwendigen Spezialkenntnissen Fachplaner einschalten	
– bei Qualitätsabweichung Mängelrüge an den Auftragnehmer	
– entsprechen Auftraggebervorgaben nicht den allgemein anerkannten Regeln der Technik, Hinweis an den Auftraggeber	
Dokumentation der Überwachung im Bautagebuch	
Terminkontrolle	
– bei Terminabweichungen Terminrüge an den Auftragnehmer	
– Behinderung des Auftragnehmers durch andere Gewerke oder zu späte Übergabe von Planunterlagen: Behinderungsanzeige	
Überwachung der Unfallverhütungsvorschriften	
Kostenkontrolle mit Informationen an den Bauherrn	
Kostenanschlag weiterentwickeln bis zur Kostenfeststellung	
Aufmaß mit dem Auftragnehmer, soweit nicht nach Abrechnungszeichnung möglich	
Prüfung der Rechnung und Leistungsabrechnung der Auftragnehmer	
Abnahme	
– Durchführen der technischen Abnahme	
– Beraten des Bauherrn bei der rechtsgeschäftlichen Abnahme	
Überwachen der Mängelbeseitigung, die bei Abnahme festgestellt wurden	
Beantragen der behördlichen Abnahme und Zusammenstellung der notwendigen Unterlagen:	
– Fachunternehmerbescheinigung	
– Abnahmebescheinigung	
• Schornsteinfeger	
• Brandschutz-Sachverständiger	
• Schall- und Wärmeschutz-Sachverständiger	
• Standsicherheitsnachweise	
• Abnahmetechnische Anlagen (TÜV-Abnahme)	
• Einmessen durch den Vermesser (Sockelattest)	
Übergabe von:	
– Revisionsunterlagen	
– Firmenliste mit Gewährleistungsdauer	
– Abnahmeprotokolle	
– Bedienungsanleitungen, Prüfprotokolle	
– Schlüsselübergabe	

(Diese Checkliste erhebt keinen Anspruch auf Vollständigkeit.)

8.5   Baustelle

8.5.1   Baustelleneinrichtung

Zum Erreichen eines rationellen Bauablaufes ist innerhalb der Arbeitsvorbereitung der Entwurf eines Baustelleneinrichtungsplanes sehr entscheidend.

Bei der Einrichtung der Baustelle muss darauf geachtet werden, dass die Materialien am richtigen Platz gelagert und auf dem kürzesten Wege mit optimalen Betriebsmitteln zur Verarbeitungsstelle transportiert werden können.

Die Planung der Baustelleneinrichtung hängt von folgenden Voraussetzungen ab:

– Örtliche Gegebenheiten (Bodenart, Grundstückszuschnitt, Erschließung des Grundstückes, Lage des Grundstückes etc.)
– Art des Bauvorhabens (Mauerwerksbau, Kanalbau, Straßenbau etc.)
– Größe des Bauvorhabens (Abmessungen und Massen)
– Fertigungsart (Einzelfertigung, Taktfertigung, Parallelfertigung)
– Bauzeit.

Bevor mit der Planung der Baustelleneinrichtung begonnen werden kann, sind alle Einflussfaktoren zu ermitteln und festzuhalten. Diese sind aus der Objektbeschreibung oder durch eine Baustellenbegehung zu bekommen.

Bei einer Baustellenbegehung ist es zweckmäßig, das künftige Bauwerk überschlägig mit einem Bandmaß auszumessen, um einen besseren Eindruck von der Lage des Objektes zu seiner Umgebung zu gewinnen. Die ermittelten Einflussfaktoren müssen notiert bzw. skizziert werden (Diktiergerät, Zeichenmaterial, Fotoapparat). Hierzu kann eine Checkliste dienen (siehe 8.5.2):

8.5.2 Checkliste zur Baustelleneinrichtung

Bauobjekt: ....

Auftraggeber: ....

Durchführung am: ....

Fragen zu den Geländeverhältnissen

– Besitzverhältnisse geklärt ☐
– Geländeform und Neigung ☐
– Bepflanzung ☐
– Bestehende Bauwerke ☐
– Lage zum Nachbargrundstück ☐

Fragen zu den Untergrundverhältnissen und zur Hydrologie

– Bodenart und Tragfähigkeit ☐
– Grundwasserspiegel ☐
– Bodenlagerung bzw. Lage von Kippen ☐

Lage des Bauplatzes

– Hochwassergefahr, Steinschlag ☐
– Unterirdische Leitungen (Gas, Wasser, Abwasser, Öl, Strom, Fernmeldetechnik) ☐
– Schutz von Objekten notwendig ☐

Fragen zu den Transportverhältnissen

– Anfahrt auf öffentlichen Straßen möglich ☐
– Zustand der Zuwege ☐
– Beanspruchung von Straßenland ☐
– Anlegen von Baustraßen erforderlich ☐
– Mögliche Anbindung an die Deutsche Bahn oder Gewässer ☐

Fragen zur Fernentsorgung

– Wasseranschluss ☐
– Qualität des Wassers ☐
– Stromanschluss; Anschlusswert ☐
– Fernsprechanschluss möglich ☐
– Möglichkeit, Abwasser einzuleiten ☐

Sonstige Fragen

– Menge und Vorhandensein von Unterkunfts- oder Sanitäreinrichtungen für die Baustelle ☐
– Nähe von Werkstätten ☐
– Anschriften, Telefonnummern von Polizei, Feuerwehr, Arzt, Krankenhaus ☐
– Schuttablademöglichkeit ☐

8.5.3   Baustelleneinrichtungsplan

Der Baustelleneinrichtungsplan sollte maßstäblich gezeichnet werden und Auskunft geben über die Baugrubensicherung, die Arbeitsplatzverhältnisse (Arbeitsraum, Sicherheitsraum); außerdem muss er enthalten: Standortangaben der Maschinen, der Arbeits- und Lagerflächen sowie der Unterkünfte etc.

Im Einzelnen müssen in diesem Plan dargestellt sein:

– Transportwege, Verkehr
– Lagerplätze
– Werkplätze
– Erschließung (Baustraße)
– Einfriedung und Sicherung (Bauzaun)
– Erschließung (Hauptverteiler, Unterverteiler, Wasseranschluss)
– Unterkünfte: Mannschaftsunterkünfte, Polier und Bauleitung,
– Wasch- und Schlafunterkünfte entsprechend der vorzusehenden Mannschaft

Der Baustelleneinrichtungsplan (siehe Abb. 8.6) ist immer mit dem für die Baustelle verantwortlichen Polier abzustimmen. So können dessen Erfahrungen mitgenutzt und Widerstände gegen den Plan abgebaut werden.

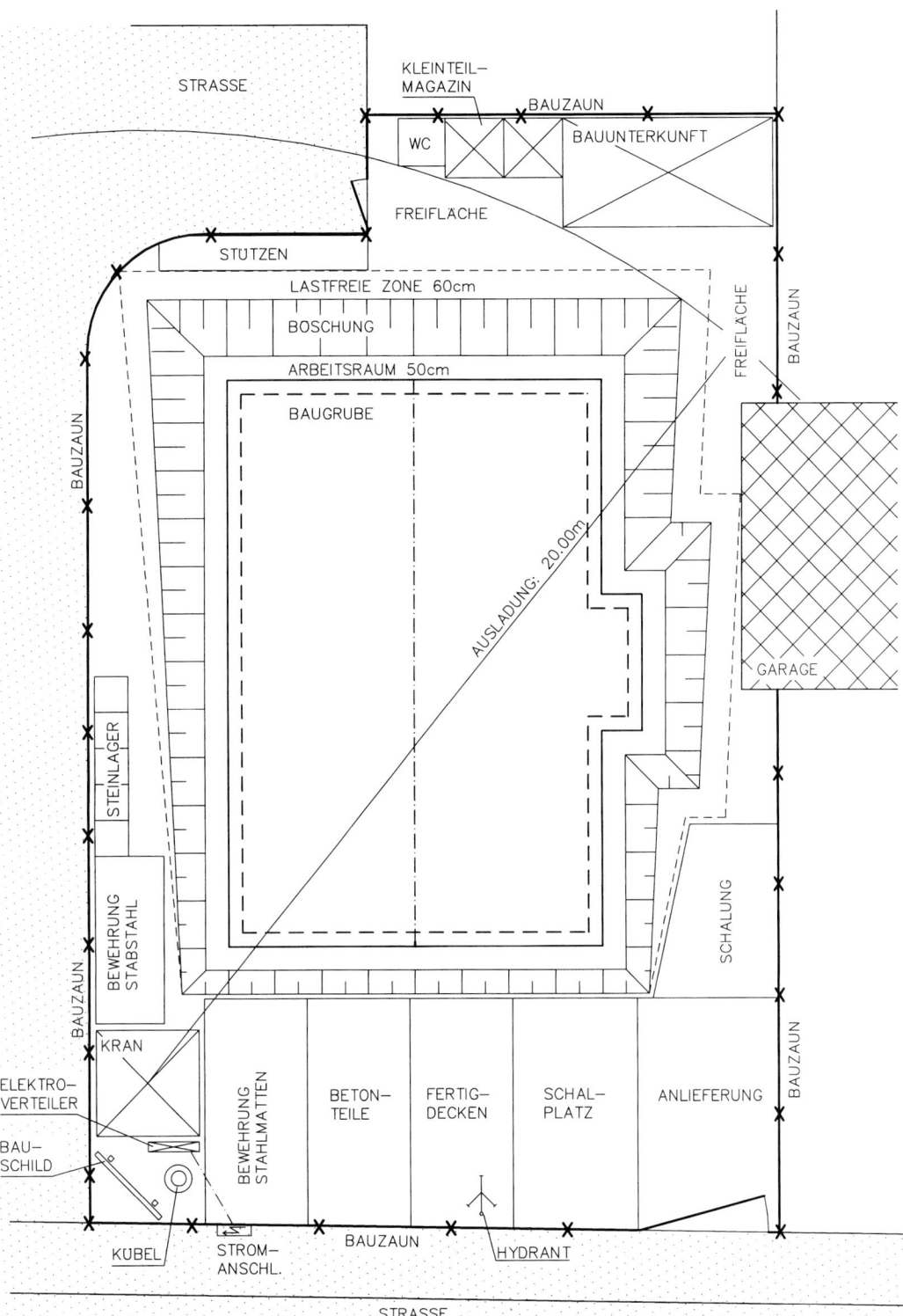

Abb. 8.6: Baustelleneinrichtungsplan

8.5.4   Baustellensicherheit – Baustellenverordnung

Arbeitsschutzvorschriften

Auf der Baustelle müssen, während des gesamten Bauvorganges die Arbeitsschutzvorschriften der Berufsgenossenschaft eingehalten werden. Die Berufsgenossenschaft überprüft ohne Vorankündigung in unregelmäßigen Abständen von ihr ausgewählte Baustellen. Die bei der Begehung festgestellten Mängel müssen sofort beseitigt werden. Es können sogar Strafen ausgesprochen werden.

Für die Einhaltung der Sicherheitsbestimmungen ist in erster Linie der Unternehmer für sein Gewerk verantwortlich. Übergreifend über alle Gewerke trägt jedoch der Bauherr bzw. sein Bauleiter ein hohes Maß an Mitverantwortung. Je nach Schwere eines Unfalls und der Beweisführung kann sowohl der Bauleiter des Auftragnehmers, wie auch der Bauleiter des Auftraggebers zur persönlichen Haftung herangezogen werden.

Baustellenverordnung

Die Baustellenverordnung (Verordnung über Sicherheit und Gesundheitsschutz auf Baustellen) dient der wesentlichen Verbesserung von Sicherheit und Gesundheitsschutz der Beschäftigten auf Baustellen (§ 1 Absatz 1). In § 2 Absatz 1 und 2 wird darauf hingewiesen, dass bei der Bemessung der Ausführungszeiten die allgemeinen Grundsätze nach § 4 des Arbeitsschutzgesetzes zu berücksichtigen sind. Für jede Baustelle, bei der:

1. die voraussichtliche Dauer der Arbeiten mehr als 30 Arbeitstage beträgt und auf der mehr als 20 Beschäftigte gleichzeitig tätig werden, oder

2. der Umfang der Arbeiten voraussichtlich 500 Personentage überschreitet (also bei größeren Baumaßnahmen),

ist der zuständigen Behörde spätestens zwei Wochen vor Einrichtung der Baustelle eine Vorankündigung zu übermitteln.

Den Inhalt der Vorankündigung können Sie der Abbildung 8.7 entnehmen.

Werden auf einer Baustelle, auf der mehrere Arbeitgeber tätig sind, besonders gefährliche Arbeiten (Explosionsgefahr, größere Höhen oder Tiefen etc.) ausgeführt, so ist vor Einrichtung der Baustelle ein Sicherheits- und Gesundheitsschutzplan zu erstellen.

Verantwortlich für die Einhaltung der Baustellenverordnung ist der Bauherr, der für die Koordinierung einen oder mehrere Sicherheitskoordinatoren beauftragen kann. Ein gesonderter Qualitätsnachweis für einen solchen Koordinator ist nicht gefordert. Es können z.B. sein: Architekten, Ingenieure, Techniker oder Meister.

Der Koordinator hat die Sicherheits- und Gesundheitsmaßnahmen schon in die Ausführungsplanung zu integrieren.

Während der Ausführung sind zu beachten:

– die Grundsätze des Arbeitsschutzes
– die Einhaltung des Sicherheits- und Gesundheitsschutzplanes
– die Organisation der Zusammenarbeit der verschiedenen Arbeitgeber.

An (zuständige Behörde)

Vorankügigung

gemäß § 2 der Verordnung über Sicherheit und Gesundheitsschutz auf Baustellen (Baustellenverordnung - BaustellV)

1. Bezeichnung und Ort der Baustelle: ....
   Straße/Nr.: ....
   PLZ/Ort: ....

2. Name und Anschrift des Bauherrn: 3. Name und Anschrift des anstelle des Bauherren verantw. Dritten:

....

....

....

4. Art des Bauvorhabens:
....

5. Koordinator(en) (sofern erforderlich) mit Anschrift und Telefon, ggf. Fax, e-Mail
   – für die Planung der Ausführung: ....
   – für die Ausführung des Bauvorhabens: ....

6. Voraussichtl. Beginn u. Ende der Arbeiten: 7. Voraussichtl. Höchstzahl der gleichzeitig Beschäftigten auf der Baustelle: ....

   von .... bis ....

8. Voraussichtliche Zahl der Arbeitgeber: 9. Voraussichtl. Zahl der Unternehmer ohne Beschäftigte: ....

....

10. Bereits ausgewählte Arbeitgeber und Unternehmer ohne Beschäftigte:
   1. ....
   2. ....
   3. ....
   4. ....
   5. ....
   6. ....
   7. ....
   8. ....
   9. ....
   10. ....

(weitere Angaben ggf. als Anlage)

(Ort/Datum) .... (Name) .... (Unterschrift) ....

(Bauherr oder anstelle des Bauherren verantwortlicher Dritter)   Verteiler:
1 x zuständige Behörde
1 x Baustellenaushang
1 x Bauherr

Abb. 8.7: Formular für eine Vorankündigung [Quelle: Anlage 1 der Erläuterung zur Baustellenverordnung]

8.6   Aufmaß und Abrechnung von Bauleistungen

Das Aufmaß der Bauleistung des Auftragnehmers (Bauleiter) ist Teil der von ihm vorzulegenden prüfbaren Rechnung (VOB). Der Bauleiter oder Vertreter des Auftragnehmers stellt das Aufmaß, ebenso wie die Rechnung, prüfbar auf. Der Bauleiter des Auftraggebers prüft die Rechnung auf Richtigkeit, bestätigt dies mit seiner Unterschrift und dem Zusatz „Sachlich und rechnerisch geprüft" und übersendet die geprüfte Rechnung dem Bauherrn zur Überweisung. Die Prüfung, wie auch die Aufstellung des Aufmaßes erfolgt in der Regel nach Zeichnungen (§ 14 VOB Teil C Abrechnung). Bei unterschiedlichen Auffassungen kann an der Örtlichkeit geprüft werden.

8.6.1   Grundlagen der Abrechnung

Nach § 2 Nr. 2 VOB Teil B wird die Vergütung *nach den vertraglichen Einheitspreisen und den tatsächlich ausgeführten Leistungen berechnet.*

Tatsächlich ausgeführte Leistungen sind:

– Leistungen, die nach dem Vertrag ausgeführt sind, d.h. Leistungen, die vom Auftraggeber vor Ausführung in Auftrag gegeben wurden
– Leistungen, die für die Erfüllung des Vertrages notwendig waren
– Leistungen, die dem mutmaßlichen Willen des Auftraggebers entsprachen und ihm angezeigt wurden.

Es sind also alle Leistungen, die der Auftraggeber mit der Leistungsbeschreibung mit dem Bauvertrag oder in Nachträgen beauftragt hat, oder Leistungen, die zusätzlich notwendig waren, um das Objekt entstehen zu lassen. Diese werden abgerechnet.

Die *tatsächlich ausgeführten Leistungen* werden in der Regel jedoch nicht so abgerechnet, wie sie tatsächlich ausgeführt worden sind, sondern in den entsprechenden Gewerken nach den Regeln der VOB Teil C (ATV).

Wenn z.B. ein Unternehmer Einzelfundamente senkrecht und fast ohne Arbeitsraum ausschachtet, jedoch den in DIN 18300 (ATV) angegebenen Arbeitsraum und den entsprechenden Böschungswinkel abrechnet, so ist dies zu akzeptieren, da diese Vorgehensweise sein Risiko ist. Wäre die Böschung jedoch nachgerutscht, hätte er auf seine Kosten nachschachten müssen. Konnten seine Mitarbeiter in dem engen Arbeitsraum nur langsamer arbeiten als vorgesehen, so bekommt er dies auch nicht vergütet.

Die Leistung ist aus den Zeichnungen zu ermitteln, soweit die ausgeführten Leistungen diesen Zeichnungen entsprechen. Sind solche Zeichnungen nicht vorhanden, ist die Leistung aufzumessen (DIN 18299 VOB Teil C).

Die Abrechnungszeichnungen sollten Ausführungszeichnungen sein, d.h., Zeichnungen nach dem aktuellsten Planstand, nach dem das Objekt ausgeführt wurde (Ausführungsplan des Architekten, Schalungspläne, Querschnittspläne etc.).

Es ist jedoch zu prüfen, ob Zeichnungen mit dem ausgeführten Leistungsstand übereinstimmen und in den Abweichungstoleranzen innerhalb der DIN 18202 „Toleranzen im Hochbau" liegen. Sind diese Toleranzen überschritten oder liegt keine Zeichnung vor, so ist die Leistung örtlich aufzumessen. Dieses Aufmaß sollte vom Bauleiter des Auftraggebers und dem Bauleiter des Auftragnehmers gemeinsam aufgenommen werden, um die Aufstellung der Schlussrechnung und deren Prüfung zu erleichtern.

Der Unternehmer hat seine Abrechnung prüfbar aufzustellen, d.h.:

– in Reihenfolge und nach Positionierung des Leistungsverzeichnisses
– belegt, wenn notwendig, durch Abrechnungszeichnung,
– nach den Abrechnungsregeln der VOB Teil C.

8.6.2 Prüfung der Abrechnung

Die Prüfung der Rechnungen (Akontorechnungen, Schlussrechnung) erfolgt durch den Auftraggeber bzw. durch seinen Bauleiter (Architekten, Fachingenieur) wie folgt:

1. *Auftragssumme*

2. *Geprüfte Rechnungssumme*

   Sie ergibt sich aus der Abrechnung der Massenvordersätze (in der Regel nach Zeichnungen) multipliziert mit den durch den Vertrag festgeschriebenen Einheitspreisen (Einheitspreisvertrag), zuzüglich möglicher Stundenlohnarbeiten, soweit im Angebot enthalten.

3. *Abzüge:*

   – z.B. Wertminderung infolge nicht ganz beseitigter Mängel
   – durch den Auftragnehmer verursachte Leistungskosten anderer Firma (z.B. für Putzfirma, Heizkörper gereinigt durch Malerfirma)
   – Anteil der Kosten für Aufladen und Abfahren des Schutts (soweit die Unternehmer ihren Schutt nicht entsprechend dem Vertrag selbst entsorgt haben)
   – anteilige Kosten für Versorgung (Strom, Wasser)
   – Anteil der Kosten des gemeinsamen Bauschildes

4. *Zuschläge:*

   – Stundenlohnarbeiten, soweit im Angebot nicht berücksichtigt
   – Zusätzliche Leistungen laut Nachtragsangebot oder laut Anweisung des Bauleiters (Auftraggeber)
   – Mehrkosten entstanden durch Drittfirmen, z.B. Reinigungskosten

5. *Weiter sind zu berücksichtigen:*

   – Zurechnung der Mehrwertsteuer
   – Abrechnungssumme
   – gezahlte Abschlagszahlungen (Akontozahlungen)
   – Restguthaben
   – Sicherheitseinbehalt von der Abrechnungssumme, je nach Vertrag, jedoch nicht über 10 %
   – Feststellen des Restbetrages und auszahlen entsprechend dem Zahlungsziel (möglicherweise abzüglich Skonto).

8.6.3 Allgemeine Technische Vertragsbedingungen für Bauleistungen (ATV) – Auszüge aus VOB Teil C

Jede ATV ist in fünf Abschnitte gegliedert. Im jeweiligen Abschnitt 5 werden die Abrechnungsregeln des entsprechenden Gewerkes definiert.

Hinweis: Die Abrechnung der Massenvordersätze muss durch den Auftragnehmer übersichtlich und in der Reihenfolge der Positionen des Leistungsverzeichnisses erfolgen. Die Maße, die zu dem Abrechnungsergebnis führen, müssen in den Abrechnungszeichnungen (Anlage zur Abrechnung) zu ersehen sein.

Im Folgenden sind Auszüge aus den DIN-Normen 18299, 18300, 18330, 18331, 18350, 18363 gedruckt.

Allgemeine Technische Vertragsbedingungen für Bauleistungen (ATV) Allgemeine Regelungen für Bauarbeiten jeder Art – DIN 18299 Ausgabe Dezember 2000

Inhalt

0   *Hinweise für das Aufstellen der Leistungsbeschreibung*
1   Geltungsbereich
2   Stoffe, Bauteile
3   Ausführung
4   Nebenleistungen, Besondere Leistungen
5   Abrechnung

4   Nebenleistungen, Besondere Leistungen

4.1   Nebenleistungen

Nebenleistungen sind Leistungen, die auch ohne Erwähnung im Vertrag zur vertraglichen Leistung gehören (§ 2 Nr. 1 VOB/B)
Nebenleistungen sind demnach insbesondere:

4.1.1   Einrichten und Räumen der Baustelle einschließlich der Geräte und dergleichen.

4.1.2   Vorhalten der Baustelleneinrichtung einschließlich der Geräte und dergleichen.

4.1.4   Schutz- und Sicherheitsmaßnahmen nach den Unfallverhütungsvorschriften und den behördlichen Bestimmungen, ausgenommen Leistungen nach Abschnitt 4.2.4.

4.1.5   Beleuchten, Beheizen und Reinigen der Aufenthalts- und Sanitärräume für die Beschäftigten des Auftragnehmers.

4.1.6   Heranbringen von Wasser und Energie von den vom Auftraggeber auf der Baustelle gestellten Anschlussstellen zu den Verwendungsstellen.

4.1.10   Sichern der Arbeiten gegen Niederschlagswasser, mit dem normalerweise gerechnet werden muss, und seine etwa erforderliche Beseitigung.

4.1.11   Entsorgen von Abfall aus dem Bereich des Auftragnehmers sowie Beseitigungen der Verunreinigungen, die von den Arbeiten des Auftragnehmers herrühren.

4.1.12   Entsorgen von Abfall aus dem Bereich des Auftraggebers bis zu einer Menge von 1 m^3, soweit der Abfall nicht schadstoffbelastet ist.

4.2   Besondere Leistungen

Besondere Leistungen sind Leistungen, die nicht Nebenleistungen gemäß Abschnitt 4.1 sind und nur dann zur vertraglichen Leistung gehören, wenn sie in der Leistungsbeschreibung besonders erwähnt sind. Besondere Leistungen sind z.B.:

4.2.7   Versicherung der Leistung bis zur Abnahme zugunsten des Auftraggebers oder Versicherung eines außergewöhnlichen Haftpflichtwagnisses.

4.2.9   Aufstellen, Vorhalten, Betreiben und Beseitigen von Einrichtungen zur Sicherung und Aufrechterhaltung des Verkehrs auf der Baustelle, z.B. Bauzäune, Schutzgerüste, Hilfsbauwerke, Beleuchtungen, Leiteinrichtungen.

4.2.10   Aufstellen, Vorhalten, Betreiben und Beseitigen von Einrichtungen außerhalb der Baustelle zur Umleitung und Regelung des öffentlichen und Anliegerverkehrs.

4.2.13   Entsorgen von Abfall über die Leistungen nach den Abschnitten 4.1.11 und 4.1.12 hinaus.

4.2.16   Zusätzliche Maßnahmen für die Weiterarbeit bei Frost und Schnee, soweit sie dem Auftragnehmer nicht ohnehin obliegen.

4.2.17   Besondere Maßnahmen zum Schutz und zur Sicherung gefährdeter baulicher Anlagen und benachbarter Grundstücke.

4.2.18   Sichern von Leitungen, Kabeln, Dränen, Kanälen, Grenzsteinen, Blumen, Pflanzen und dergleichen.

5   Abrechnung

Die Leistung ist aus Zeichnungen zu ermitteln, soweit die ausgeführte Leistung diesen Zeichnungen entspricht. Sind solche Zeichnungen nicht vorhanden, ist die Leistung aufzumessen.

Allgemeine Technische Vertragsbedingungen für Bauleistungen (ATV)
Erdarbeiten – DIN 18300
Ausgabe Dezember 2000

Inhalt

0 *Hinweise für das Aufstellen der Leistungsbeschreibung*
1 Geltungsbereich
2 Stoffe, Bauteile, Boden und Fels
3 Ausführung
4 Nebenleistungen, Besondere Leistungen
5 Abrechnung

0 *Hinweise für das Aufstellen der Leistungsbeschreibung*

*Diese Hinweise ergänzen die ATV DIN 18299 „Allgemeine Regelungen für Bauarbeiten jeder Art",
Abschnitt 0. Die Beachtung dieser Hinweise ist Voraussetzung für eine ordnungsgemäße Leistungsbeschreibung gemäß A § 9.*

Die Hinweise werden nicht Vertragsbestandteil.

In der Leistungsbeschreibung sind nach den Erfordernissen des Einzelfalls insbesondere anzugeben:

0.1   ***Angaben zur Baustelle***

0.1.1   *Art und Umfang des vorhandenen Aufwuchses auf den freizumachenden Flächen.*

0.1.2   *Art und Beschaffenheit der Unterlage.*

0.1.3   *Gründungstiefen, Gründungsarten und Lasten benachbarter Bauwerke.*

0.1.4   *Art und Beschaffenheit vorhandener Einfassungen.*

0.2   ***Angaben zur Ausführung***

0.2.1   *Sachverständigengutachten und inwieweit sie bei der Ausführung zu beachten sind.*

0.2.9   *Wiederverwendung von Oberboden, jedoch nicht nach den Grundsätzen des Landschaftsbaus
(siehe Abschnitt 3.4.3).*

0.2.10 *Art und Möglichkeiten der Zwischenlagerung.*

0.2.11 *Verwendung, Aufbereitung und Behandlung des Bodens sowie Art des Einbaus, sonstige
Verwertung.*

0.2.24 *Besondere Maßnahmen zum Schutz von benachbarten Grundstücken und Bauwerken.*

0.2.25 *Ausbildung der Anschlüsse an Bauwerke.*

0.2.26 *Maßnahmen für das Beseitigen von Grund-, Quell- und Sickerwasser o.Ä. (siehe Abschnitt 3.3.1
und 3.7.5).*

0.3   *Einzelangaben bei Abweichungen von den ATV*

0.4   *Einzelangaben zu Nebenleistungen und Besonderen Leistungen*
Keine ergänzende Regelung zur ATV DIN 18299, Abschnitt 0.4.

0.5   *Abrechnungseinheiten*
Im Leistungsverzeichnis sind die Abrechnungseinheiten wie folgt vorzusehen:

– *Abtrag, Aushub, Fördern, Einbau nach Raummaß (m^3) oder nach Flächenmaß (m^2), getrennt nach Boden- und Felsklassen oder sonstigen Stoffen sowie gestaffelt nach Längen der Förderwege, soweit 50 m Förderweg überschritten werden,*

– *Steinpackungen, Steinwürfe, Bodenlieferungen und dergleichen nach Raummaß (m^3), Flächenmaß (m^2) oder Gewicht (t),*

– *Verdichten nach Flächenmaß (m^2) oder Raummaß (m^3) …*

3   Ausführung

3.5   Lösen und Laden

3.5.5 Unvorhergesehene Ereignisse, z.B. Wasserandrang, Bodenauftrieb, Ausfließen von Schichten, Schäden an baulichen Anlagen, hat der Auftragnehmer dem Auftraggeber unverzüglich anzuzeigen. Die zu treffenden Maßnahmen sind Besondere Leistungen (siehe Abschnitt 4.2.1).

3.11   Hinterfüllen und Überschütten von baulichen Anlagen

3.11.2 Die Wahl des Materials zum Hinterfüllen und Überschütten bleibt dem Auftragnehmer überlassen; für die Leitungszone von Entwässerungskanälen und -leitungen gilt insbesondere DIN EN 1610.

3.11.3 Hinterfüllen, Überschütten und Verdichten sind so auszuführen, dass an den baulichen Anlagen keine Schäden entstehen.

Bei Leitungen ist darauf zu achten, dass sie in ihrer Lage verbleiben.

4   Nebenleistungen, Besondere Leistungen

4.1   Nebenleistungen sind ergänzend zu ATV DIN 18299, Abschnitt 4.1, insbesondere:

4.1.2 Beseitigen einzelner Sträucher und einzelner Bäume bis zu 0,1 m Durchmesser, gemessen 1 m über dem Erdboden, der dazugehörigen Wurzeln und Baumstümpfe.

4.1.3 Beseitigen von einzelnen Steinen und Mauerresten bis zu 0,1 m^3 Rauminhalt, ausgenommen Hindernissen in Gräben bis zu 0,8 m Sohlenbreite (siehe Abschnitt 4.2.4).

4.2   Besondere Leistungen sind ergänzend zur ATV DIN 18299, Abschnitt 4.2, z.B.:

4.2.1 Maßnahmen nach den Abschnitten 3.1.3, 3.1.4, 3.1.5, 3.1.7, 3.3.1, 3.5.3, 3.5.5, 3.7.2, 3.7.3, 3.7.4, 3.7.7, 3.8.2, 3.8.3, 3.8.4 und 3.10.3.

4.2.2 Besondere Maßnahmen zum Feststellen des Zustands der baulichen Anlagen einschließlich Straßen, Versorgungs- und Entsorgungsanlagen vor Beginn der Erdarbeiten.

5 Abrechnung

Ergänzend zur ATV DIN 18299, Abschnitt 5, gilt:

5.2.1 Die Aushubtiefe wird von der Oberfläche der auszuhebenden Baugrube oder des auszuhebenden Grabens bis zur Sohle der Baugrube oder des Grabens gerechnet, bei einer zu belassenden Schutzschicht (siehe Abschnitt 3.10.3) bis zu deren Oberfläche.

5.2.2 Die Maße der Baugrubensohle ergeben sich aus den Außenmaßen des Baukörpers zuzüglich den Mindestbreiten betretbarer Arbeitsräume nach DIN 4124 und der erforderlichen Maße für Schalungs- und Verbaukonstruktionen. Für die Breite der Grabensohle gilt die Mindestbreite

– von Gräben für Abwasserleitungen und -kanäle nach DIN EN 1610,
– von sonstigen Gräben nach DIN 4124

zuzüglich der erforderlichen Maße für Schalungs- und Verbaukonstruktionen.

5.3 Hinterfüllen und Überschütten

Bei der Ermittlung des Raummaßes für Hinterfüllungen und Überschüttungen werden abgezogen

– das Raummaß der Baukörper
– das Raummaß jeder Leitung mit einem äußeren Querschnitt von mehr als 0,1 m^2.

5.4 Abtrag und Aushub

Die Mengen sind an der Entnahmestelle im Abtrag zu ermitteln.

5.5 Einbau

Die Mengen sind im fertigen Zustand im Auftrag zu ermitteln. Dabei werden abgezogen

– das Raummaß von Baukörpern,
– das Raummaß jeder Leitung, von Sickerkörpern, Steinpackungen und dergleichen mit einem äußeren Querschnitt von mehr als 0,1 m^2.

Bei Abrechnung der Leitungszone nach Längenmaß wird die Leitungsachse zugrunde gelegt.

5.6 Verdichten

Verdichten von Boden in Gründungssohlen ist nach der Fläche der Gründungssohle zu ermitteln.

Verdichten von eingebautem Boden ist nach Abschnitt 5.5 zu ermitteln.

Allgemeine Technische Vertragsbedingungen für Bauleistungen (ATV)
Mauerarbeiten – DIN 18330
Ausgabe Dezember 2000

3   Ausführung

Ergänzend zur ATV DIN 18299, Abschnitt 3, gilt:

3.1.1   Der Auftragnehmer hat bei seiner Prüfung Bedenken (siehe § 4 Nr. 3 VOB/B) insbesondere geltend zu machen bei

– ungeeigneter Beschaffenheit oder ungenügender Tragfähigkeit des Untergrundes,
– fehlenden Höhenfestpunkten.

3.2   Mauerwerk

3.2.3   Bauteile aus Holz, z.B. Balkenköpfe, die ins Mauerwerk einbinden, sind zum Schutz gegen Feuchtigkeit trocken – ohne Mörtel – zu ummauern.

3.2.4   Äußeres Verblend- und Sichtmauerwerk müssen nachträglich verfugt werden. Dabei ist der Mauermörtel, solange er noch frisch ist, mindestens 15 mm tief auszukratzen. Unmittelbar vor dem Verfugen sind die Ansichtsflächen gründlich zu nässen und mit Wasser zu reinigen.

Dem Reinigungswasser darf – außer bei Natursteinen, Kalksandsteinen u.Ä. – bis 2 % Volumenanteile Salzsäure zugesetzt werden. Abgesäuerte Flächen sind gründlich nachzuspülen.

4   Nebenleistungen, Besondere Leistungen

4.1.3   Herstellen der Abdeckungen und Umwehrungen von Öffnungen und Belassen zum Mitbenutzen durch andere Unternehmer über die eigene Benutzungsdauer hinaus. Der Abschluss der eigenen Benutzung ist dem Auftraggeber unverzüglich schriftlich mitzuteilen.

4.2   Besondere Leistungen sind ergänzend zur ATV DIN 18299, Abschnitt 4.2, z.B.:

4.2.5   Schließen von Aussparungen und dergleichen.

4.2.9   Schließen des Zwischenraumes im zweischaligen Mauerwerk an Öffnungen.

5   Abrechnung

Ergänzend zur ATV DIN 18299, Abschnitt 5, gilt:

5.1.2   Fugen werden übermessen.

5.1.5   Bei Abrechnung nach Flächenmaß wird die Höhe von Mauerwerk mit oben abgeschräg-tem Querschnitt bis zur höchsten Kante gerechnet.

5.2   **Es werden abgezogen:**

5.2.1   Bei Abrechnung nach Achsmaß (m^2):

- Öffnungen über 2,5 m^2 Einzelgröße,
- durchbindende Bauteile (Deckenplatten und dergleichen) über je 0,5 m^2 Einzelgröße,
- Nischen sowie Aussparungen für einbindende Bauteile, soweit für das dahinter liegen-de Mauerwerk besondere Ansätze in der Leistungsbeschreibung vorgesehen sind,
- bei Bodenbelägen aus Flach- oder Rollschichten Aussparungen über 0,5 m^2 Einzel-größe,
- bei Auffüllungen von Decken Aussparungen über 0,5 m^2 Einzelgröße.

5.2.2   Bei Abrechnung nach Raummaß (m^3):

- Öffnungen und Nischen über 0,5 m^3 Einzelgröße,
- einbindende, durchbindende und eingebaute Bauteile über 0,5 m^3 Einzelgröße,
- Schlitze für Rohrleitungen und dergleichen über je 0,1 m^2 Querschnittsgröße.

Allgemeine Technische Vertragsbedingungen für Bauleistungen (ATV)
Beton- und Stahlbetonarbeiten – DIN 18331
Ausgabe Dezember 2000

4   Nebenleistungen, Besondere Leistungen

4.1   **Nebenleistungen** sind ergänzend zum ATV DIN 18299, Abschnitt 4.1, insbesondere:

4.1.2   Schutz des jungen Betons gegen Witterungseinflüsse bis zum genügenden Erhärten.

4.1.6   Herstellen der Abdeckungen und Umwehrungen von Öffnungen und Belassen zum Mitbenutzen durch andere Unternehmer über die eigene Benutzungsdauer hinaus. Der Abschluss der eigenen Benutzung ist dem Auftraggeber unverzüglich schriftlich mitzuteilen.

4.2   **Besondere Leistungen** sind ergänzend zur ATV DIN 18299, Abschnitt 4.2, z.B.:

4.2.2   Boden- und Wasseruntersuchungen.

4.2.7   Herstellen von Aussparungen, z.B. Öffnungen, Nischen, Schlitze, Kanäle.

4.2.9   Schließen von Aussparungen und dergleichen.

4.2.14 Zusätzliche Schutzmaßnahmen gegen betonschädigende Einwirkungen und gegen Fremderschütterungen.

4.2.15 Zusätzliche Maßnahmen zum Erzielen einer bestimmten Betonoberfläche.

4.2.18 Maßnahmen zum Schutz gegen Feuchtigkeit und zur Wärme- und Schalldämmung.

5   Abrechnung

Ergänzend zur ATV DIN 18299, Abschnitt 5, gilt:

5.1   **Beton und Stahlbeton mit oder ohne Schalung**

5.1.1.5 Sind Bauteile durch vorgegebene Betonfugen oder in anderer Weise baulich voneinander abgegrenzt, so wird jedes Bauteil mit seinen tatsächlichen Maßen abgerechnet.

5.1.1.7 Bei Abrechnung von Bauteilen nach Flächenmaß werden Nischen, Schlitze, Kanäle, Fugen u.Ä. nicht abgezogen.

5.1.2   **Es werden abgezogen:**

5.1.2.1 Bei Abrechnung nach Raummaß (m^3):

– Öffnungen, Nischen, Kassetten, Hohlkörper u.Ä. über 0,5 m^3 Einzelgröße sowie Schlitze, Kanäle, Profilierung u.Ä. über 0,1 m^3 je m Länge.

– Durchdringungen und Einbindungen von Bauteilen, z.B. Einzelbalken, Balkenstege bei Plattenbalkendecken, Stützen, Einbauteilen, Betonfertigteilen, Stahl- oder Steinzeugrohren über 0,5 m^3 Einzelgröße, wenn sie durch vorgegebene Betonierfugen oder in anderer Weise baulich abgegrenzt sind; als ein Bauteil gilt dabei auch jedes aus Einzelteilen zusammengesetzte Bauteil, z.B. Fenster- und Türumrahmungen, Fenster- und Türstürze, Gesimse.

5.1.2.2 Bei Abrechnung nach Flächenmaß (m^2):

Öffnungen, Durchdringungen und Einbindungen über 2,5 m^2 Einzelgröße.

5.2 **Schalung**

5.2.1 **Allgemeines**

5.2.1.1 Die Schalung von Bauteilen wird in der Abwicklung der geschalten Flächen gerechnet. Nischen, Schlitze, Kanäle, Fugen u.Ä. werden übermessen.

5.2.1.3 Schalung für Aussparungen, z.B. für Öffnungen, Nischen, Hohlräume, Schlitze, Kanäle, sowie für Profilierungen wird bei der Abrechnung nach Flächenmaß in der Abwicklung der geschalten Betonfläche gerechnet.

5.2.2 **Es werden abgezogen:**

Öffnungen, Durchdringungen, Einbindungen, Anschlüsse von Bauteilen u.Ä. über 2,5 m^2 Einzelgröße.

5.3 **Bewehrung**

5.3.1 **Allgemeines**

5.3.1.1 Das Gewicht der Bewehrung wird nach den Stahllisten abgerechnet. Zur Bewehrung gehören auch die Unterstützungen, z.B. Stahlblöcke, Abstandhalter aus Stahl, sowie Spiralbewehrungen, Verspannungen, Auswechselungen, Montageeisen, nicht jedoch Zubehör zur Spannbewehrung gemäß Abschnitt 4.1.7.

**Allgemeine Technische Vertragsbedingungen für Bauleistungen (ATV)
Putz- und Stuckarbeiten – DIN 18350
Ausgabe Dezember 2000**

3   Ausführung

Ergänzend zur ATV DIN 18299, Abschnitt 3, gilt:

3.1   Allgemeines

3.1.1   Der Auftragnehmer hat bei seiner Prüfung Bedenken (siehe § 4 Nr. 3 VOB/B) insbesondere geltend zu machen bei:

- ungeeigneter Beschaffenheit des Untergrundes, z.B. grobe Verunreinigungen, Aus-blühungen, zu glatte Flächen, verölte Flächen, ungleich saugende Flächen, gefrorene Flächen, verschiedenartige Stoffe des Untergrundes,

- zu hoher Baufeuchtigkeit,

- größeren Unebenheiten als nach DIN 18202 zulässig,

- ungenügenden Verankerungsmöglichkeiten,

- fehlenden Höhenbezugspunkten je Geschoss.

4   Nebenleistungen, Besondere Leistungen

4.1   Nebenleistungen sind ergänzend zur ATV DIN 18299, Abschnitt 4.1, insbesondere:

4.1.1   Auf- und Abbauen sowie Vorhalten der Gerüste, deren Arbeitsbühnen nicht höher als 2 m über Gelände oder Fußboden liegen.

4.1.3   Säubern des Putzuntergrundes von Staub und losen Teilen.

4.1.7   Ein-, Zu- und Beiputzarbeiten, ausgenommen Arbeiten nach Abschnitt 4.2.6.

4.1.8   Maßnahmen zum Schutz von Bauteilen, z.B. Türen, Fenster vor Verunreinigungen und Beschädigungen durch die Putzarbeiten, einschließlich der erforderlichen Stoffe, ausge-nommen der Schutzmaßnahmen nach Abschnitt 4.2.7.

4.2   **Besondere Leistungen** sind ergänzend zur ATV DIN 18299, Abschnitt 4.2, z. B.:

4.2.6   Ein-, Zu- und Beiputzarbeiten, soweit sie nicht im Zuge mit den übrigen Putzarbeiten, bei Innenputzarbeiten im selben Geschoss, ausgeführt werden können, sowie nachträgliches Schließen und Verputzen von Schlitzen und ausgesparten Öffnungen.

4.2.7   Besondere Maßnahmen zum Schutz von Bauteilen und Einrichtungsgegenständen, wie Abkleben von Fenstern und Türen, von eloxierten Teilen, Abdeckung von Belägen, staub-dichte Abdeckung von empfindlichen Einrichtungen und technischen Geräten, Schutz-abdeckungen, Schutzanstriche, Staubwände u.Ä. einschließlich Lieferung der hierzu erforderlichen Stoffe.

4.2.8   Reinigen des Untergrundes von grober Verschmutzung, z.B. Gipsreste, Mörtelreste, Farb-reste, Öl, soweit diese von anderen Unternehmern herrührt.

5   Abrechnung

Ergänzend zur ATV DIN 18299, Abschnitt 5, gilt:

5.1.1   Der Ermittlung der Leistung – gleichgültig, ob sie nach Zeichnung oder nach Aufmaß erfolgt – sind zugrunde zu legen:

5.1.1.1   Für Putz, Stuck, Dämmungen, Auffüllungen, Schüttungen, Bekleidungen, Unterböden, Vorsatzschalen, Unterkonstruktionen, flächige Bewehrungen und Putzträger sowie Folien, Pappen und Dampfsperren

– auf Flächen ohne begrenzende Bauteile die Maße der zu putzenden, zu dämmenden, zu bekleidenden bzw. mit Stuck zu versehenden Flächen,

– auf Flächen mit begrenzenden Bauteilen die Maße der zu behandelnden Flächen bis zu den sie begrenzenden, ungeputzten, ungedämmten bzw. nicht bekleideten Bauteilen,

– bei Fassaden die Maße der Bekleidung.

5.1.4   Fußleisten und Konstruktionen bis 10 cm Höhe werden übermessen.

5.1.6   In Decken, Wänden, Dächern, Schalungen, Wand- und Deckenbekleidungen, Vorsatzschalen, Dämmungen, Sperren sowie leichten Außenwandbekleidungen werden Öffnungen, Aussparungen und Nischen bis zu 2,5 m^2 Einzelgröße übermessen.

5.1.8   Ganz oder teilweise geputzte, gedämmte oder bekleidete Leibungen von Öffnungen, Aussparungen und Nischen über 2,5 m^2 Einzelgröße werden gesondert gerechnet.

5.2   **Es werden abgezogen:**

5.2.1   Bei Abrechnung nach Flächenmaß (m^2):

Öffnungen, Aussparungen und Nischen über 2,5 m^2 Einzelgröße, in Böden über 0,5 m^2 Einzelgröße.

5.2.2   Bei Abrechnung nach Längenmaß (m):

Unterbrechungen über 1 m Einzellänge.

Allgemeine Technische Vertragsbedingungen für Bauleistungen (ATV)
Maler- und Lackierarbeiten – DIN 18363
Ausgabe Dezember 2000

3   Ausführung

Ergänzend zur ATV DIN 18299, Abschnitt 3, gilt:

3.1   Allgemeines

3.1.1   Der Auftragnehmer hat bei seiner Prüfung Bedenken (siehe § 4 Nr. 3 VOB/B) insbesondere geltend zu machen bei:

- absandendem und kreidendem Putz,

- nicht genügend festem, gerissenem und feuchtem Untergrund (der Feuchtigkeitsgehalt des Holzes darf – an mehreren Stellen in mindestens 5 mm Tiefe gemessen – bei Nadelhölzern 15 %, bei Laubhölzern 12 % nicht überschreiten),

- Sinterschichten,

- Ausblühungen,

- Holz, das erkennbar von Bläue, Fäulnis oder Insekten befallen ist,

- nicht tragfähigen Grundbeschichtungen,

- korrodierten Metallbauteilen,

- ungeeigneten Witterungsbedingungen.

3.1.9   Alle Anschlüsse an Türen, Fenstern, Fußleisten, Sockeln u.Ä. sind scharf und geradlinig zu begrenzen.

4   Nebenleistungen, Besondere Leistungen

4.1   **Nebenleistungen** sind ergänzend zur ATV DIN 18299, Abschnitt 4.1, insbesondere:

4.1.1   Auf- und Abbauen sowie Vorhalten der Gerüste, deren Arbeitsbühnen nicht höher als 2 m über Gelände oder Fußboden liegen.

4.1.2   Maßnahmen zum Schutz von Bauteilen, z.B. von Fußböden, Treppen, Türen, Fenstern und Beschlägen, sowie von Einrichtungsgegenständen vor Verunreinigung und Beschädigung während der Arbeiten durch loses Abdecken, Abhängen oder Umwickeln einschließlich anschließender Beseitigung der Schutzmaßnahmen, ausgenommen Leistungen nach Abschnitt 4.2.5.

4.1.3   Aus- und Einhängen der Türen, Fenster, Fensterläden und dergleichen zur Bearbeitung sowie ihre Kennzeichnung zum Vermeiden von Verwechslungen.

4.1.4   Entfernen von Staub, Verschmutzungen und lose sitzenden Putz- und Betonteilen auf den zu behandelnden Untergründen, ausgenommen Leistungen nach Abschnitt 4.2.4.

4.1.5 Ausbessern einzelner kleiner Putz- und Untergrundbeschädigungen, ausgenommen Leistungen nach Abschnitt 4.2.1.

4.2 **Besondere Leistungen** sind ergänzend zur ATV DIN 18299, Abschnitt 4.2, z.B.:

4.2.3 Auf- und Abbauen sowie Vorhalten der Gerüste, deren Arbeitsbühnen mehr als 2 m über Gelände oder Fußboden liegen.

4.2.4 Reinigen des Untergrundes von grober Verschmutzung, z.B. Gipsreste, Mörtelreste, Farbreste, Öl, soweit diese von anderen Unternehmern herrührt.

4.2.5 Besondere Maßnahmen zum Schutz von Bauteilen und Einrichtungsgegenständen, wie Abkleben von Fenstern und Türen, von eloxierten Teilen, Abdecken von Belägen, staubdichte Abdeckung von empfindlichen Einrichtungen und technischen Geräten, Schutzabdeckungen, Schutzanstriche, Staubwände u.Ä. einschließlich Liefern der hierzu erforderlichen Stoffe.

5 Abrechnung

Ergänzend zur ATV DIN 18299, Abschnitt 5, gilt:

5.1 **Allgemeines**

5.1.1 Der Ermittlung der Leistung nach Zeichnungen sind zugrunde zu legen:

– auf Flächen ohne begrenzende Bauteile die Maße der ungeputzten, ungedämmten und nicht bekleideten Flächen,

– auf Flächen mit begrenzenden Bauteilen die Maße der zu behandelnden Flächen bis zu den sie begrenzenden, ungeputzten, ungedämmten bzw. nicht bekleideten Bauteilen, z.B. Oberfläche einer aufgeständerten Fußbodenkonstruktion, Unterfläche einer abgehängten Decke,

– bei Fassaden die Maße der Bekleidung.

5.1.2 Der Ermittlung der Leistung nach Aufmaß sind die Maße des fertigen Bauteils, der fertigen Öffnung und Aussparung zugrunde zu legen.

5.1.5 In Decken, Wänden, Decken- und Wandbekleidungen, Vorsatzschalen, Dämmungen, Dächern und Außenwandbekleidungen werden Öffnungen, Aussparungen und Nischen bis zu 2,5 m^2 Einzelgröße übermessen.

5.1.6 Fußleisten, Sockelfliesen und dergleichen bis 10 cm Höhe werden übermessen.

5.1.10 Ganz oder teilweise behandelte Leibungen von Öffnungen, Aussparungen und Nischen über 2,5 m^2 Einzelgröße werden gesondert gerechnet. Leibungen, die bei bündig versetzten Fenstern, Türen und dergleichen durch Dämmplatten entstehen, werden ebenso gerechnet.

5.1.12 Fenster, Türen, Trennwände, Bekleidungen und dergleichen werden je beschichtete Seite nach Fläche gerechnet; Glasfüllungen, kunststoffbeschichtete Füllungen oder Füllungen aus Naturholz und dergleichen werden übermessen.

5.1.16 Fenstergitter, Scherengitter, Rollgitter, Roste, Zäune, Einfriedungen und Stabgeländer werden einseitig gerechnet.

5.1.18 Flächen von Profilen, Heizkörpern, Trapezblechen, Wellblechen und dergleichen werden, soweit Tabellen vorhanden sind, nach diesen gerechnet. Sind Tabellen nicht vorhanden, wird nach abgewickelter Fläche gerechnet.

5.2   Es werden abgezogen:

5.2.1 Bei Abrechnung nach Flächenmaß (m^2):

Öffnungen, Aussparungen und Nischen über 2,5 m^2 Einzelgröße, in Böden über 0,5 m^2 Einzelgröße.

5.2.2 Bei Abrechnung nach Längenmaß (m):

Unterbrechungen über 1 m Einzellänge.

8.7 Abnahme

Rechtsverbindliche Abnahme durch den Bauherrn

Die rechtsverbindliche Abnahme darf nur der Bauherr vornehmen. Hierbei wird unterschieden zwischen der *fiktiven Abnahme*, die vorgenommen wird

– indem der Bauherr die Schlussrechnung an den Unternehmer anweist
– indem der Bauherr das Objekt bezieht bzw. benutzt,

und der *förmlichen Abnahme.*

Ist eine förmliche Abnahme vereinbart, so wird diese in einer gemeinsamen Begehung durch den Auftraggeber und den Auftragnehmer im Beisein des Architekten (Fachingenieurs) förmlich durchgeführt. Von der Abnahme wird ein Abnahmeprotokoll erstellt, in dem alle Mängel festgehalten werden.

Das Protokoll wird mit dem Begehungsdatum versehen und von den beteiligten Vertragspartnern unterschrieben. Im Protokoll werden festgehalten:

– verbliebene Mängel
– Vorbehalte wegen Vertragsstrafe
– Minderungen für nicht zu beseitigende Mängel
– Termin zur Mängelbeseitigung
– Beginn (Abnahmedatum) und Ende (z.B. vier Jahre nach Abnahmedatum) der Verjährungsfrist der Mängelansprüche

Rechtsfolgen der Abnahme

Mit der Abnahme verkehrt sich die Beweislast, d.h., die Mängel während der Ausführung (Erfüllungsmängel) waren vom Unternehmer zu beseitigen, es sei denn, er konnte beweisen, dass die aufgeführten Mängel nach den anerkannten Regeln der Technik keine Mängel sind.

Nach der Abnahme muss der Unternehmer nur noch die Mängel beseitigen (Mängelansprüche nach § 13 VOB Beil B), die der Auftraggeber bzw. dessen Erfüllungsgehilfe nach den anerkannten Regeln der Technik darstellen kann.

Technische Abnahme

Der Bauleiter des Auftraggebers darf nur die technische Abnahme durchführen, d.h., er begeht das Objekt in der Regel mit dem Bauleiter des Auftragnehmers und nimmt die Leistung im Hinblick auf technische Mängel ab. Das hat den Vorteil, dass bei der rechtsverbindlichen Abnahme durch den Bauherrn die Mängelliste stark reduziert ist.

Bauabnahmeprotokoll

Firma
Schmitz

23456 Musterstadt

Datum 22.04.2002

Anlage: Mängelliste ☐

Datum des Bauvertrages: 11.01.2002

Nachträge vom 22.02.2002

Baumaßnahme: Neubau eines Dreifamilienhauses, Mustermannstraße

Teilnehmer:

Auftragnehmer (Name, Anschrift)

Firma Schmitz, Generalunternehmer, 23456 Musterstadt

Auftraggeber (Name, Anschrift)

Eheleute Müller, Müllerstr. 6, 23456 Musterstadt

Andere (Name, Anschrift)

Architekturbüro Schulze, Wiesenweg 2, 34567 Musterort

☒ **Abnahme:** ☒ für die Gesamtleistung(en)   ☐ für folgende Teilleistung(en)

Erfolgt hiermit die Abnahme ☐ ohne Vorbehalt   ☒ mit Vorbehalt

☐ der Rechte wegen Verwirkens der Vertragsstrafe   ☐ wegen der festgestellten Mängel (siehe Anlage)

Art der Mängel: 1. Auf dem Abflussstutzen des Vordaches (Eingang) fehlt ein Laubfangkorb.
2. Das Fenster Wohnzimmer EG wurde ausgetauscht. Es ist nunmehr noch zu streichen.

☐ Minderung: Wird (Kostennachlass) für folgende nicht zu beseitigende Mängel vereinbart:

Art der Minderung: keine _____

_____

☐ Die Mängel sind bis zum 10.05.2002 zu beseitigen. Sollten sie bis zu diesem Termin nicht beseitigt sein, wird der Auftraggeber die Mängelbeseitigung auf Kosten des Auftragnehmers durch Dritte veranlassen.

☐ **Mängelansprüche:** Die Verjährungsfrist für die abgenommene Leistung beginnt am 22.04.2002

und endet am 22.04.2006

Anerkenntnis des Auftragnehmers:

Musterstadt, den 24.04.2002

gez. Schmitz

Anerkenntnis des Auftraggebers:

Musterstadt, den 24.04.2002

gez. Müller

Abb. 8.8: Bauabnahmeprotokoll

9 Objektübergabe, -dokumentation und Gewährleistung

9.1 Objektübergabe bzw. Dokumentation

Nach Fertigstellung des Objektes erfolgt die Übergabe durch den Projektkoordinator (Architekt) an den Bauherrn. Zur Übergabe gehören folgende Unterlagen:

– tabellarische Aufstellung der Firmen, die für die eventuell auftretenden Gewährleistungsschäden verantwortlich sind, dazu den Ansprechpartner im Unternehmen, mit Angabe der Gewährleistungsdauer und der Abnahmedaten:

- Name der Firma, Gewerk, Ansprechpartner (Telefonnummer)
- Auftragssumme
- Abrechnungssumme
- Sicherheitsleistung
- Abnahmedatum
- Gewährleistungsdauer

– systematische Zusammenstellung der zeichnerischen Darstellungen (Revisionspläne)

Revisionspläne sind Ausführungspläne nach dem aktuellsten Planstand, die vom Bauherrn, einer eventuell beauftragten Bauverwaltungsgesellschaft oder vom Hausmeister aufbewahrt werden.

– systematische Zusammenstellung der rechnerischen Ergebnisse:

- Tragwerksplanung (Statik)
- Wärmeschutz/Schallschutz (Schlussbescheinigung)
- Brandschutz (Schlussbescheinigung)
- sonstige Prüfungsprotokolle (z.B. Druckwasserprüfung der Abwasserleitung)
- Bedienungsanleitungen (z.B. Aufzug).

9.2 Kostenfeststellung (Ebene 3)

Die Kostenfeststellung ist die Zusammenstellung aller entstandenen Kosten (auf Basis aller abgerechneten bzw. schlussgerechneten Bauleistungen). Sie dient auch als Vergleich zum Kostenanschlag.

Die Kostenfeststellung wird nach entsprechenden Einheiten analysiert, z.B.:

– nach Prozentanteilen der Gewerke zu den Gesamtkosten (siehe 3.4.3)
– nach Bezugseinheiten: m^3 umbauter Raum, m^2 Dachfläche, konstruktive Einbauten (siehe 3.4.2).

Der Projektkoordinator (Architekt) bestätigt mit der Übergabe des Bauobjektes die Auftragsbeendigung bis auf die Objektbetreuung während der Gewährleistungszeit.

9.3   Objektbetreuung

Die Objektbetreuung bezieht sich auf die Verjährungsfrist der Mängelansprüche. Nach BGB beträgt sie für den Architekten (Fachingenieur) fünf Jahre. Während dieser Zeit ist der Architekt (Fachingenieur), wenn er mit der Leistungsphase 9 nach HOAI beauftragt wurde, verpflichtet, auftretende Mängel festzustellen und für die Beseitigung durch den Unternehmer zu sorgen, wobei die Verjährungsfrist des Unternehmers nach VOB, wenn nichts anderes vereinbart wurde, vier Jahre (früher zwei Jahre) beträgt.

Der Architekt (Fachingenieur) hat dem Bauherrn bei der Freigabe von Sicherheitsleistungen behilflich zu sein, d.h., er stellt fest, ob mit dem Ablauf der Gewährleistungszeit der einzelnen Unternehmer keine weiteren Mängel zu erwarten sind und empfiehlt dem Bauherrn, die Sicherheit an den Unternehmer auszuzahlen.

In der Praxis werden Sicherheiten in Höhe von 3 % nach VOB nicht von der Abrechnungssumme einbehalten, sondern der volle Betrag wird ausgezahlt, wenn der Unternehmer eine Bürgschaft einer Bank oder eines Versicherungsunternehmens in entsprechender Höhe beigebracht hat.

9.4   Objektbetreuung und Dokumentation nach HOAI, Leistungsphase 9

Objektbegehung zur Mängelfeststellung

Um die Mängelansprüche nach der Abnahme wahrzunehmen, findet eine Objektbegehung kurz vor Ablauf der Verjährungsfrist statt.

Durch schriftliches Nachbesserungsverlangen wird im Falle einer Beanstandung für rechtzeitige Unterbrechung der Verjährung gesorgt.

Überwachen der Beseitigung von Mängeln

Nach der Abnahme bis zum Ende der Verjährungsfrist, längstens jedoch bis zum Ablauf von fünf Jahren seit der Abnahme, wird die Beseitigung überwacht.

Mitwirken bei der Freigabe von Sicherheitsleistungen

Sicherheitsleistungen können z.B. sein:

– Einbehalt von 3 % der Auftragssumme
– Aushändigung einer Bürgschaft in Höhe von 3 % der Auftragssumme

Diese sollen sich ergebende Ersatzansprüche absichern. Die Freigabe der Sicherheitsleistungen (Rückgabe der Bürgschaft) erfolgt durch den Bauherrn unter Mitwirkung des Architekten.

Der Aufwand kann für beide Vertragspartner durch eine Befristung der Bürgschaft erleichtert werden, d.h., bei der Abnahme wird nach Vertrag das Ende der Gewährleistung festgeschrieben. Entsprechend wird die Bürgschaft vom Auftragnehmer für den Auftraggeber ausgefertigt.

Dokumentation durch systematische Zusammenstellung der zeichnerischen Darstellung und der rechnerischen Ergebnisse des Objektes

Laut HOAI erfolgt die Übergabe der Dokumentation an den Bauherrn. *Systematische Zusammenstellung der zeichnerischen Darstellungen und rechnerischen Ergebnisse des Objektes* bedeutet die Zusammenstellung der Entwurfspläne (Kopien), Ausführungspläne, Abrechnungen mit den Firmen, Abrechnungen des Architekten mit dem Bauherrn einschließlich einer Übersicht über die noch zu zahlenden Sicherheits- und Restbeträge.

Der Architekt bestätigt die Übergabe des Bauobjektes, der Dokumentation und schließlich die Auftragsbeendigung (im engeren Sinne, d.h. bis auf mögliche Mängelfeststellungen und -beseitigungen während der Gewährleistungszeit).

10 Anhang

Inhalt

10.1 Bauantrag

	Eingangsvermerk
☒ An die untere Bauaufsichtsbehörde (bei Bauantrag oder Antrag auf Vorbescheid) ☐ An die Gemeinde (bei Vorlage in der Genehmigungsfreistellung) PLZ, Ort 11111 Musterstadt	
	Aktenzeichen

☒ Bauantrag   ☐ Vorlage an die Gemeinde in der Genehmigungsfreistellung
Weiterbehandlung als Bauantrag, wenn die Gemeinde erklärt, dass ein Genehmigungsverfahren durchgeführt werden soll:

☐ Antrag auf Vorbescheid   ☐ ja (bitte Abschnitt II ausfüllen)   ☐ nein (bitte Abschnitt III ausfüllen)

Bauherrin/Bauherr Antragstellerin/Antragsteller	Bevollmächtigte/Bevollmächtigter der Bauherrin/des Bauherrn	Entwurfsverfasserin/ Entwurfsverfasser
Name, Vorname, Firma **Eheleute Mustermann**	Name, Vorname, Firma **Architekturbüro Schulz**	Name, Vorname, Firma **Architekturbüro Schulz**
Straße, Hausnummer	Straße, Hausnummer	Straße, Hausnummer
PLZ, Ort **11111 Musterstadt**	PLZ, Ort **11111 Musterstadt**	PLZ, Ort **11111 Musterstadt**
Telefon (mit Vorwahl)	Telefax	Telefon (mit Vorwahl)	Telefax	Telefon (mit Vorwahl)	Telefax

Baugrundstück

Ort, Straße, Hausnummer

Gemarkung(en)	Flur(en)	Flurstück(e)

Eigentümerin/Eigentümer

Genaue Bezeichnung des Vorhabens (Errichtung, Änderung, Nutzungsänderung)

z.B. von Wohngebäuden, Gebäuden für Landwirtschaftliche Betriebe oder Gewerbebetrieben mit Garagen/Stellplätzen (Anzahl)
Neubau eines Dreifamilienhauses

Bei Nutzungsänderungen:

Bisherige Nutzung:

Beabsichtigte Nutzung: **Wohnen**

Genaue Fragestellung zum Vorbescheid: (Dem Antrag auf Erteilung eines Vorbescheides sind die Bauvorlagen beizufügen, die zur Beurteilung der durch den Vorbescheid zu entscheidenden Fragen des Bauvorhabens erforderlich sind. Bitte erkundigen Sie sich im Zweifelsfall bei Ihrer Bauaufsichtsbehörde, welche Bauvorlagen im Einzelnen zur Klärung Ihrer konkreten Fragen vorzulegen sind.)

Bedingungen zur Beurteilung des Vorhabens	Bescheid vom	Erteilt von (Behörde)	Aktenzeichen
☐ Vorbescheid			
☐ Teilungsgenehmigung			
☐ Befreiungs-/Abweichungsbescheid			
☐ Baulast Nr.			
☐			

> **Die angekreuzten Bauvorlagen und weitere Unterlagen im Sinne der BauPrüfVO sind beigefügt.**
> (Die Klammerwerte für die Zahl der Ausfertigungen gelten, wenn der Kreis untere Bauaufsichtsbehörde ist. Weitere Ausfertigungen sollen zur Beschleunigung des Verfahrens eingereicht werden, wenn andere Behörden oder Dienststellen zu beteiligen sind.)

I. Bauvorlagen (Unterlagen und Nachweise bei Vorhaben, die dem üblichen, nicht vereinfachten Genehmigungsverfahren unterliegen)

A. Allgemeine Bauvorlage

> Zu Nrn. 1 und 2: Siehe Hinweis auf der Rückseite von Blatt 3.

1. ☐ 2 – 3fach   Lageplan
2. ☐ 2 – 3fach   Berechnung des Maßes der baulichen Nutzung (§ 2 Abs. 2 BauPrüfVO)
    (nur im Bereich eines Bebauungsplanes oder einer Satzung nach BauGB oder BauGBMaßnahmenG)
3. ☐ 2 – 3fach   Beglaubigter Auszug aus der Liegenschaftskarte/Flurkarte
    (nur bei Vorhaben nach den §§ 34 oder 35 des Baugesetzbuches; Beglaubigung nicht erforderlich bei Beibringung eines amtlichen Lageplans)
4. ☐ 2 – 3fach   Auszug aus der Deutschen Grundkarte 1 : 5000
    (nur bei Vorhaben nach den §§ 34 oder 35 des Baugesetzbuches)
5. ☐ 2 – 3fach   Bauzeichnungen
6. ☐ 2 – 3fach   Rechnerischer Nachweis über die Höhe des Fußbodens des höchstgelegenen Aufenthaltsraumes über der Geländeoberfläche
7. ☐ 2 – 3fach   Baubeschreibung auf amtlichem Vordruck
8. ☐ 2fach   Nachweis der Standsicherheit (§ 6 Abs. 1 BauPrüfVO) einschließlich des statistisch-konstruktiven Brandschutzes
    ☐ mit Bescheinigung der/des staatlich anerkannten Sachverständigen (§ 72 Abs. 7 BauO NW)
9. ☐ 2fach   Nachweis des Schallschutzes (§ 6 Abs. 3 BauPrüfVO)
    ☐ mit Bescheinigung der/des staatlich anerkannten Sachverständigen (§ 72 Abs. 7 BauO NW)
10. ☐ 1fach   Bescheinigung der/des staatlich anerkannten Sachverständigen, dass das in den Bauvorlagen dargestellte Bauvorhaben den Anforderungen an den baulichen Brandschutz entspricht (§ 72 Abs. 7 BauO NW).
11. ☐ 1fach   Nachweis des baulichen Brandschutzes (nur soweit erforderlich – siehe § 6 Abs. 2 BauPrüfVO)
12. ☐ 1fach   Bei Gebäuden: Berechnung des umbauten Raumes nach DIN 277
13. ☐   Bei baulichen Anlagen, die nicht Gebäude sind:
    Herstellungskosten einschließlich Umsatzsteuer   ☐ €

B. Zusätzliche Unterlagen für Vorhaben besonderer Art oder Nutzung

14. ☐ 2 – 3fach   Betriebsbeschreibung für gewerbliche Betriebe auf amtlichem Vordruck
    (ggf. mit Maschinenaufstellungsplan mit Rettungswegen und Notausgängen, falls nicht bereits in den Grundrisszeichnungen dargestellt)
15. ☐ 2 – 3fach   Betriebsbeschreibung für landwirtschaftliche Betriebe auf amtlichem Vordruck
16. ☐ 3fach   Bauvorlagen für besondere Bauvorhaben
    (siehe § 20 Garagenverordnung,
    § 18 Geschäftshausverordnung, § 106 Versammlungsstättenverordnung, § 37 Krankenhausbauverordnung, § 29 Gaststättenverordnung, § 8 EltBauVO)
17. ☐ Mehrausfertigungen der Unterlagen zu Nr.(n) _____ ☐ werden nachgereicht ☐ sind beigefügt.

C. Sonstiges

18. ☐ Nachweis der Bauvorlageberechtigung, soweit erforderlich
19. ☐ Erhebungsbogen für die Baustatistik
20. ☐ Die in Nr.(n) ☐ 8, ☐ 9 genannten bautechnischen Nachweise sind nicht beigefügt.

Ich verpflichte mich,   ☐ diese Nachweise nachzureichen.
alternativ: ☐ diese Nachweise zusammen mit entsprechenden Bescheinigungen staatlich anerkannter Sachverständiger nach § 72 Abs. 7 BauO NW nachzureichen.

Mir ist bekannt, dass die Baugenehmigung erst erteilt werden kann, wenn diese Nachweise und Bescheinigungen der Bauaufsichtsbehörde vorliegen, und dass diese von mir die Zahlung eines angemessenen Vorschusses oder einer angemessenen Sicherheitsleistung bis zur Höhe der voraussichtlichen Baugenehmigungsgebühr verlangen wird. Falls die Nachweise und Bescheinigungen nach Ablauf von drei Monaten nach Eingang des Bauantrages der Bauaufsichtsbehörde nicht vorliegen, wird der Bauantrag kostenpflichtig abgelehnt werden.

II. Bauvorlagen, Unterlagen und Nachweise bei Vorhaben, die dem vereinfachten Genehmigungsverfahren unterliegen (§ 68 BauO NW)

1. ☒ 2 – 3fach   Lageplan | Zu Nrn. 1 und 2: Siehe Hinweise auf der Rückseite von Blatt 3.

2. ☐ 2 – 3fach   Berechnung des Maßes der baulichen Nutzung (§ 2 abs. 2 BauPrüfVO)
(nur im Bereich eines Bebauungsplanes oder einer Satzung nach BauGB oder BauGBMaßnahmenG)

3. ☐ 2 – 3fach   Beglaubigter Auszug aus der Liegenschaftskarte/Flurkarte
(nur bei Vorhaben nach den §§ 34 oder 35 des Baugesetzbuches; Beglaubigung nicht erforderlich bei Beibringung eines amtlichen Lageplans)

4. ☐ 2 – 3fach   Auszug aus der Deutschen Grundkarte 1 : 5000
(nur bei Vorhaben nach den §§ 34 oder 35 Baugesetzbuch)

5. ☒ 2 – 3fach   Bauzeichnungen

6. ☐ 2 – 3fach   Rechnerischer Nachweis über die Höhe des Fußbodens des höchstgelegenen Aufenthaltsraumes über der Geländeoberfläche

7. ☒ 2 – 3fach   Baubeschreibung auf amtlichem Vordruck

8. ☒   1fach   Bei Gebäuden: Berechnung des umbauten Raumes nach DIN 277

9. ☒   1fach   Bei baulichen Anlagen, die nicht Gebäude sind:
Herstellungskosten einschließlich Umsatzsteuer   [€]

10. ☒ Nachweis der Bauvorlageberechtigung, soweit erforderlich

11. ☒ Erhebungsbogen für die Baustatistik

12. **Erklärung der Entwurfsverfasserin/des Entwurfsverfassers nach § 68 Abs. 4 BauO NW**
(nur bei Wohngebäuden geringer Höhe):
Ich erkläre hiermit, dass das in den beigefügten Bauvorlagen dargestellte Bauvorhaben den Anforderungen an den Brandschutz entspricht und die hierzu in den Bauvorlagen gemachten Angaben vollständig und richtig sind.

Nur bei Wohngebäuden mittlerer Höhe und bei Mittelgaragen:

13. ☐   1fach   Bescheinigung der/des staatlich anerkannten Sachverständigen, dass das in den Bauvorlagen dargestellte Bauvorhaben den Anforderungen an den baulichen Brandschutz entspricht (§ 72 Abs. 7 BauO NW)

14. ☐   2fach   Nachweis des baulichen Brandschutzes (nur soweit erforderlich – siehe § 6 Abs. 2 BauPrüfVO)
    Hinweis: Bei **Mittelgaragen** müssen die Bauvorlagen, soweit erforderlich, zusätzliche Angaben enthalten über:
1. die Zahl, Abmessung und Kennzeichnung der Einstellplätze und Fahrgassen;
2. die Brandmelde- und Feuerlöschanlagen; 3. die CO_2-Warnanlagen; 4. die Lüftungsanlagen

15. ☐ Mehrausfertigungen der Unterlagen zu Nr.(n) _____ ☐ werden nachgereicht ☐ sind beigefügt.

III. Bauvorlagen und Unterlagen in der Genehmigungsfreistellung (§ 67 BauO NW)

1. ☐ 1fach   Lageplan | Zu Nrn. 1 und 2: Siehe Hinweise auf der Rückseite von Blatt 3.

2. ☐ 1fach   Berechnung des Maßes der baulichen Nutzung (§ 2 Abs. 2 BauPrüfVO)

3. ☐ 1fach   Bauzeichnungen

4. ☐ 1fach   Rechnerischer Nachweis über die Höhe des Fußbodens des höchstgelegenen Aufenthaltsraumes

5. ☐   Erhebungsbogen für die Baustatistik

6. ☐   **Erklärung der Entwurfsverfasserin/des Entwurfsverfassers nach § 67 Abs. 2 Satz 2 BauO NW:**
Ich erkläre hiermit, dass das in den beigefügten Bauvorlagen dargestellte Bauvorhaben den Anforderungen an den Brandschutz entspricht und die hierzu in den Bauvorlagen gemachten Angaben vollständig und richtig sind.

Mir ist bekannt, dass die Bauaufsichtsbehörde den Bauantrag (Nr. I oder II) gebührenpflichtig zurückweisen wird, wenn die Bauvorlagen unvollständig sind oder erhebliche Mängel aufweisen (§ 72 Abs. 1 Satz 2 BauO NW).

Ort, Datum	Ort, Datum	Ort, Datum
Unterschrift Bauherr(in)	Unterschrift Bevollmächtigte(r)	Unterschrift Entwurfsverfasser(in)

10.2 Erhebungsbogen

Landesamt für Datenverarbeitung und Statistik Nordrhein-Westfalen
– 423.6411 –
40193 Düsseldorf
Tel.-Durchwahl: (02 11) 94 49-52 22

Rechtsgrundlagen, Auskunftspflicht, Geheimhaltung, Hilfsmerkmale, Trennen und Löschen siehe Beiblatt, das Bestandteil des Erhebungs-vordrucks ist.
Für jedes Gebäude und für jede Baumaßnahme an einem bestehenden Gebäude ist ein gesonderter Erhebungsvordruck anzulegen.
Bei Nutzungsänderung ganzer Gebäude bitte zusätzlich einen Abgangs-vordruck ausfüllen.

Die Richtigkeit der Angaben bestätigt:

_____
Ort, Datum, Unterschrift

Erhebungsvordruck für

Baugenehmigung

Ordnungs-Nr. _____

1 Allgemeine Angaben

Wird vom Bauaufsichtsamt bzw. von der Gemeinde ausgefüllt!

Bau-Schein-Nr./
Aktenzeichen

Name/Firma des Bauherren:

Anschrift: _____

_____

_____ Tel.: _____

Lage des Baugrundstücks:
Straße, Nr. _____

Lage des Baugrundstücks:

Kreis	_____	| |	17 - 19
Gemeinde	_____	| |	20 - 22
Gemeindeteil	_____	| |	23 - 25

SA 6 / 7 Sst. 1

Ordnungs-Nr.			2 - 11
Genehmigungsfreistellung nach § 67 LBO NRW	ja	1	12
	nein	2	
	Monat	Jahr	
Datum der Baugenehmigung **SA 6**	|	|	13 - 16
Datum der Bezugsfertigstellung	|	|	

Der Bauherr zählt zu den   Bitte ankreuzen

Öffentlichen Bauherren	1
Unternehmen	
Wohnungsunternehmen	2
Immobilienfonds	3
Sonstige Unternehmen	
Land- und Forstwirtschaft, Tierhaltung, Fischerei	4
Produzierendes Gewerbe	5
Handel, Kreditinstitute und Versicherungs-gewerbe, Dienstleistungen	6
sowie Verkehr und Nachrichtenübermittlung	
Privaten Haushalten	7
Organisationen ohne Erwerbszweck	8	26

2 Art des Gebäudes (bitte künftige Nutzung angeben)

Wohngebäude (ohne Wohnheim)

ohne Eigentumswohnungen	1
mit Eigentumswohnungen	2
Wohnheim	3	27

Nichtwohngebäude

(bitte Art angeben) _____

_____ [ ] 28 - 30

(z. B. Bankgebäude, Werkshalle, Kirche, Schule)

Bei allen neu zu errichtenden Gebäuden

Haustyp des Wohngebäudes

Einzelhaus	1	gereihtes Haus	3	
Doppelhaushälfte	2	sonst. Haustyp	4	31

Überwiegend verwendeter Baustoff

Stahl	1	Sonst. Mauerstein	4	
Stahlbeton	2	Holz	5	
Ziegel	3	Sonstiges	6	32

Art der Beheizung

Fernheizung	1	Etagenheizung	4	
Blockheizung	2	Einzelraumheizung	5	
Zentralheizung	3	keine Heizung	6	33

Vorwiegende Heizenergie

Koks / Kohle	1	Fernwärme	5	
Öl	2	Wärmepumpe	6	
Gas	3	Solarenergie	7	
Strom	4	Sonstige	8	34

30	Straßen-schlüssel	| | | | | | | | | | | |

3 Art der Bautätigkeit

Errichtung eines neuen Gebäudes   Bitte ankreuzen

in konventioneller Bauart	1
im Fertigteilbau	2

Baumaßnahme an einem bestehenden Gebäude [3] 35

Bei einer Baumaßnahme am bestehenden Gebäude

Ändert sich die Nutzungsart des ganzen Gebäudes?	ja	1
	nein	2	36

Wenn ja, bitte frühere Nutzung angeben

_____

Wurde ein Abgangsbogen ausgestellt?	ja	1
	nein	2	37

Bei Wiederaufbau, Ersatzbau, Wiederherstellung

In welchem Jahr wurde das Gebäude (Gebäudeteil) abgebrochen, zerstört o. ä.? [19]

Wurde ein Abgangsbogen ausgestellt?	ja	1
	nein	2	38

4 Größe des Zugangs

Bei Errichtung eines neuen Gebäudes   Werte ohne Kommastellen

Rauminhalt – Brutto in m^3 (DIN 277)	01
Zahl der Vollgeschosse (nach LBO)	02

Bei allen Baumaßnahmen

	neuer Zustand	alter Zustand *)
	volle m^2	
Nutzfläche (DIN 277; ohne Wohnfläche)	03	06
Wohnfläche (§ 42 II. BV)		
der Wohnungen	04	07
der sonst. Wohneinheiten	05	08

Wohnungen (nach der Zahl der Räume einschl. **Küchen**)	neuer Zustand	alter Zustand *)
mit	Anzahl	
1 Raum	09	19
2 Räumen	10	20
3 Räumen	11	21
4 Räumen	12	22
5 Räumen	13	23
6 Räumen	14	24
7 und mehr Räumen	15	25
Zahl der Räume in Wohnungen mit 7 und mehr Räumen	16	26
Sonstige Wohneinheiten	17	27
Räume in sonstigen Wohneinheiten	18	28

6 Veranschlagte Kosten des Bauwerks

(siehe DIN 276, Kostengruppen 300 und 400, s. Beiblatt)

volle 1 000 DM   [29]

*) Alter Zustand bei Baumaßnahmen an bestehenden Gebäuden

10.3   Gebäudeansichten

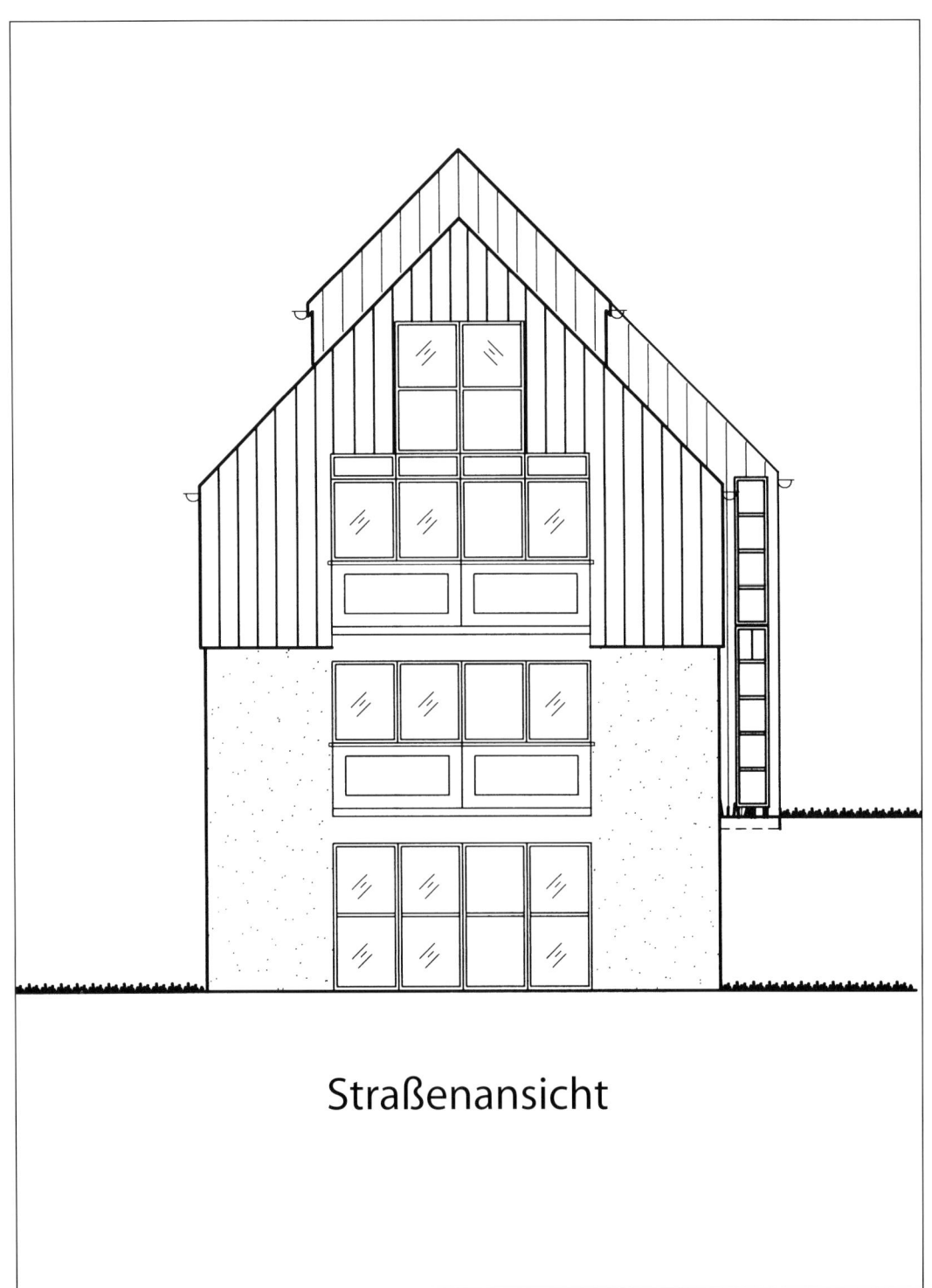

Straßenansicht

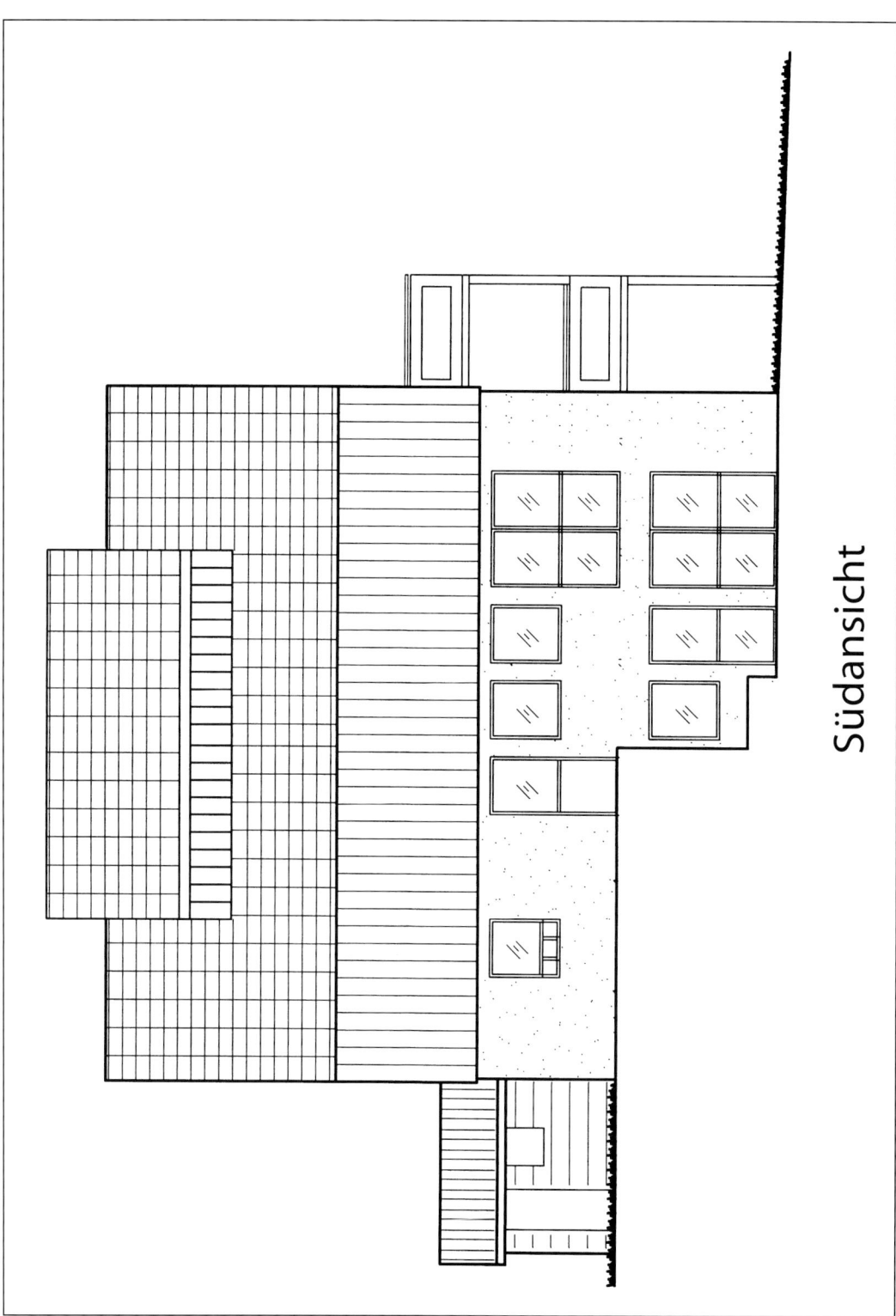

Südansicht

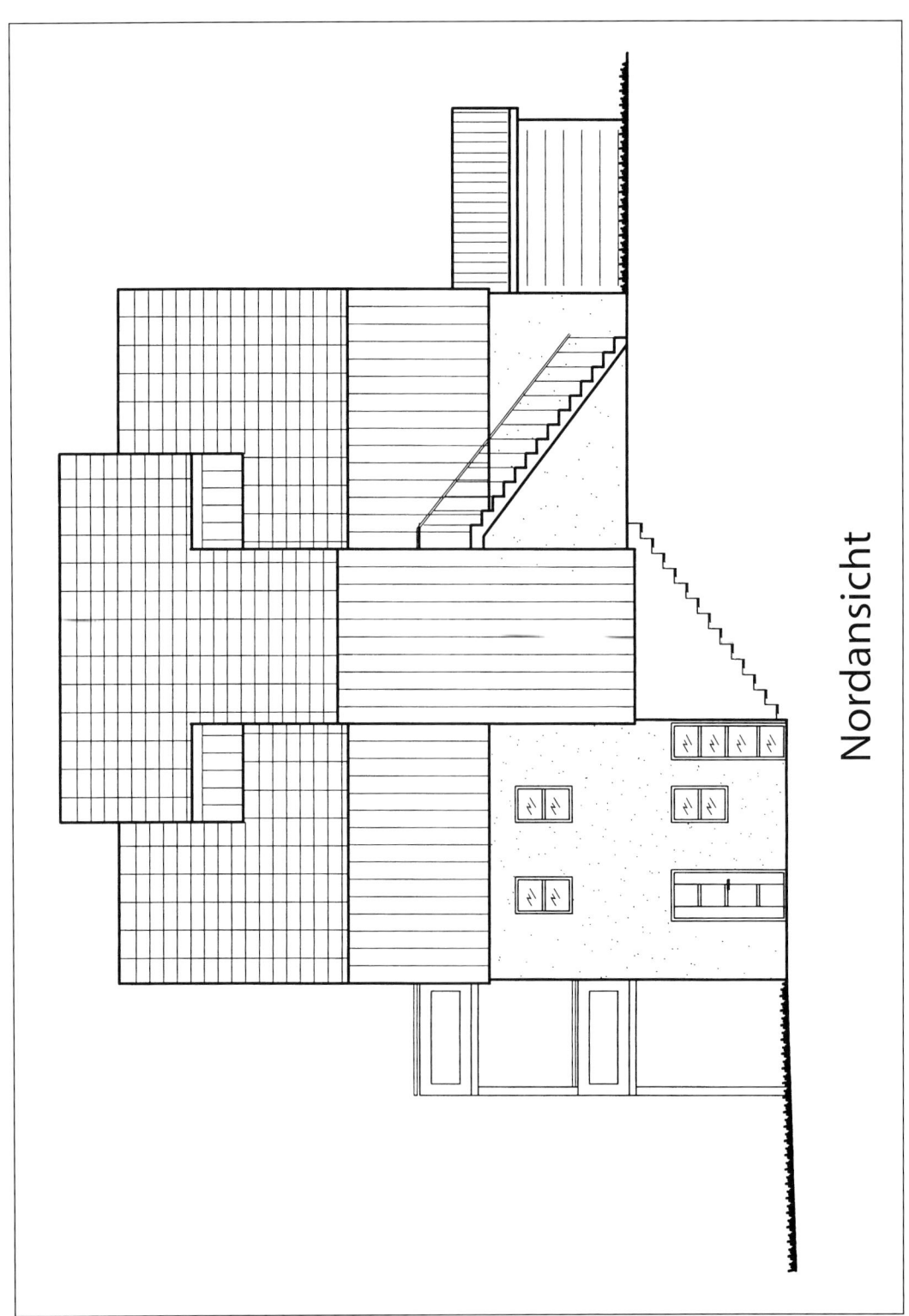

Nordansicht

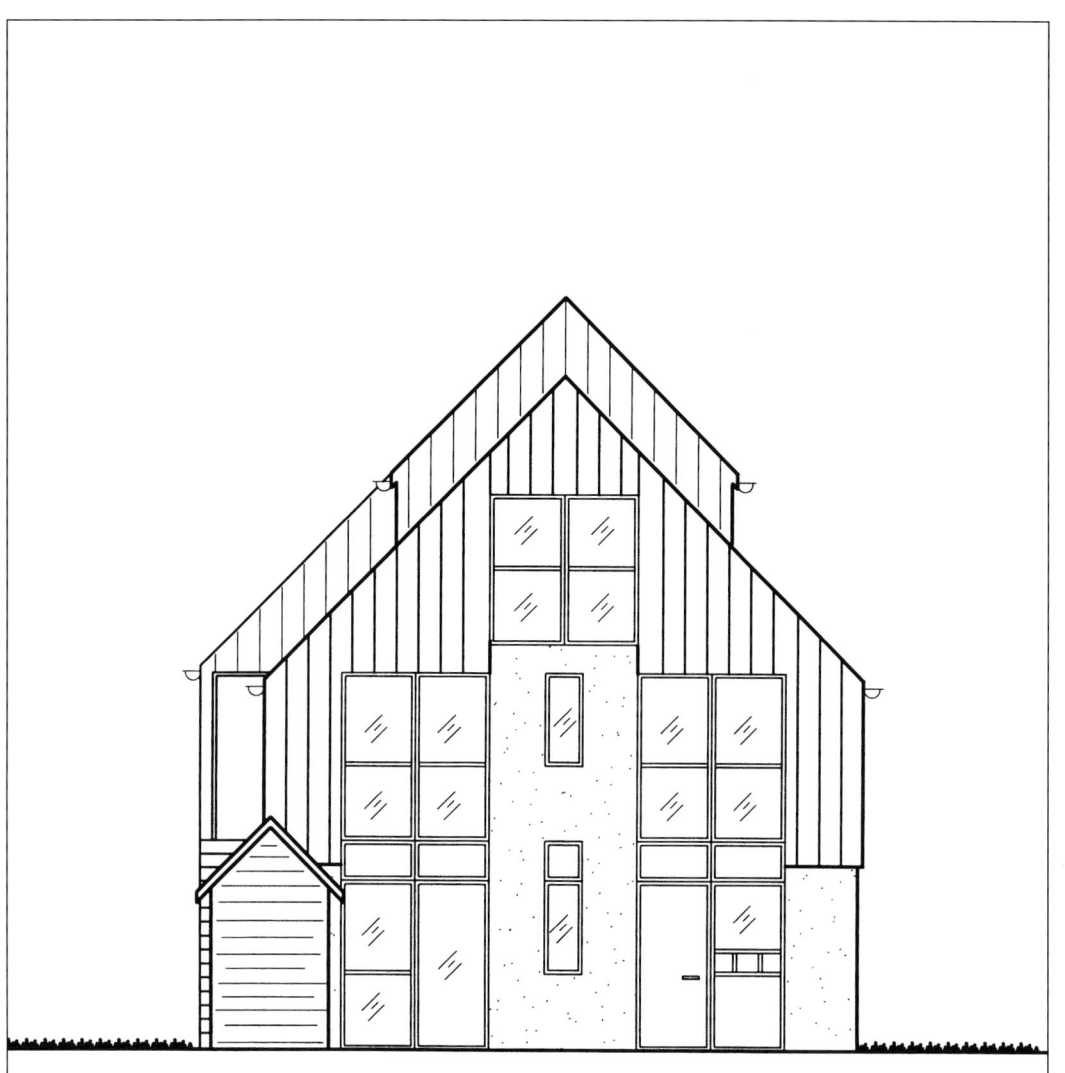

Rückansicht

10.4   Gebäudeschnitt, Maßstab 1 : 100

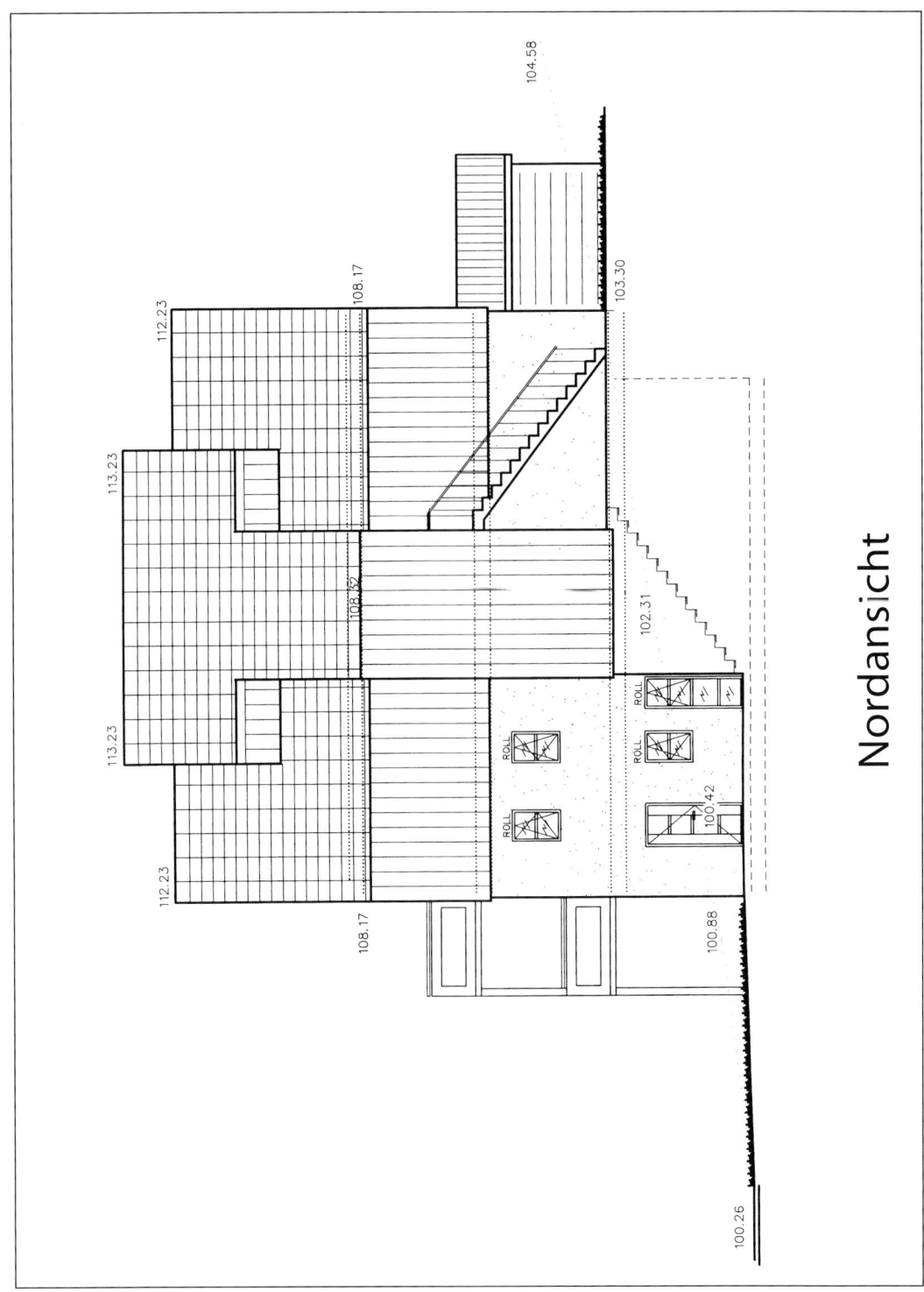

Nordansicht

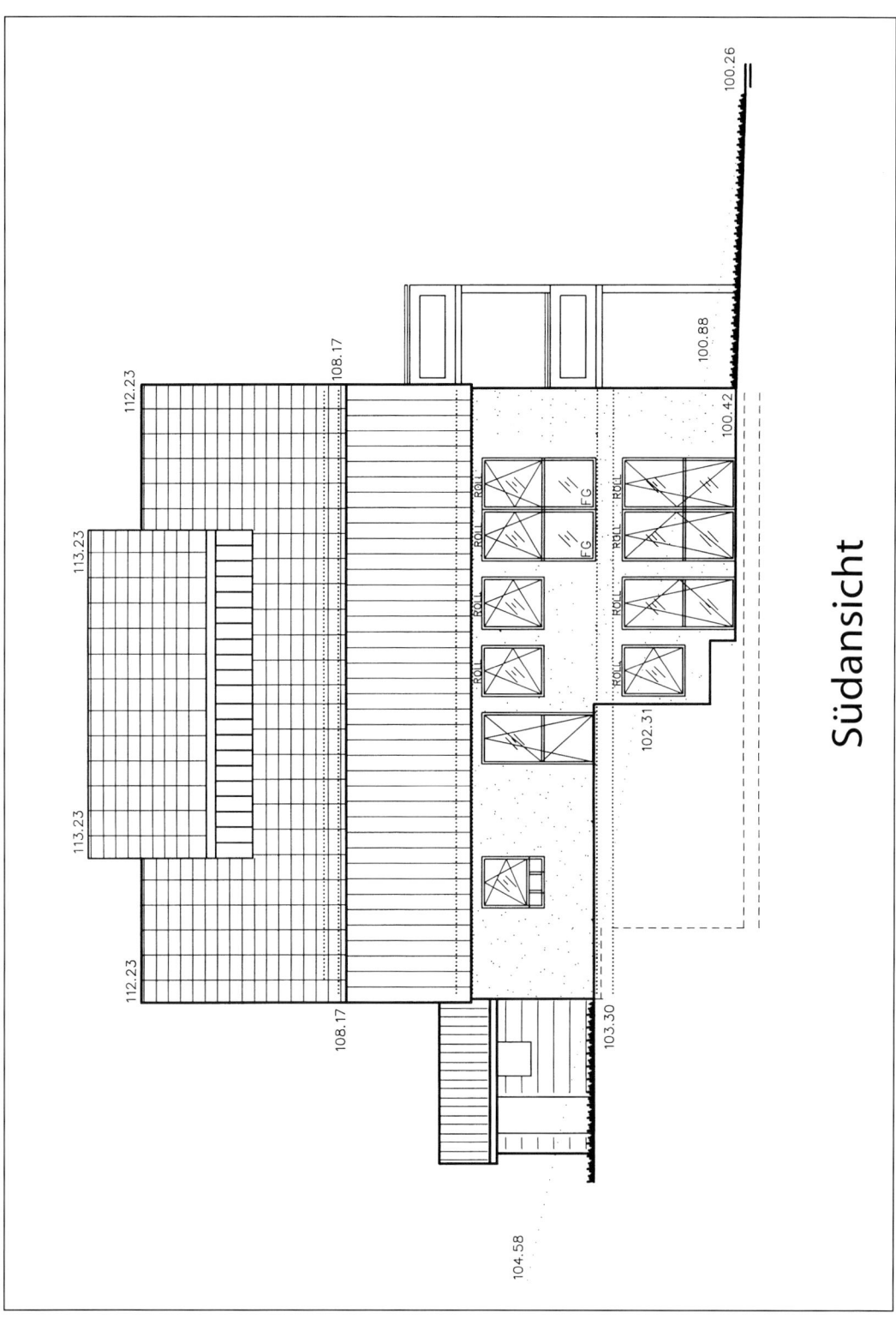

Südansicht

10.5   Grundrisse, Maßstab 1 : 100

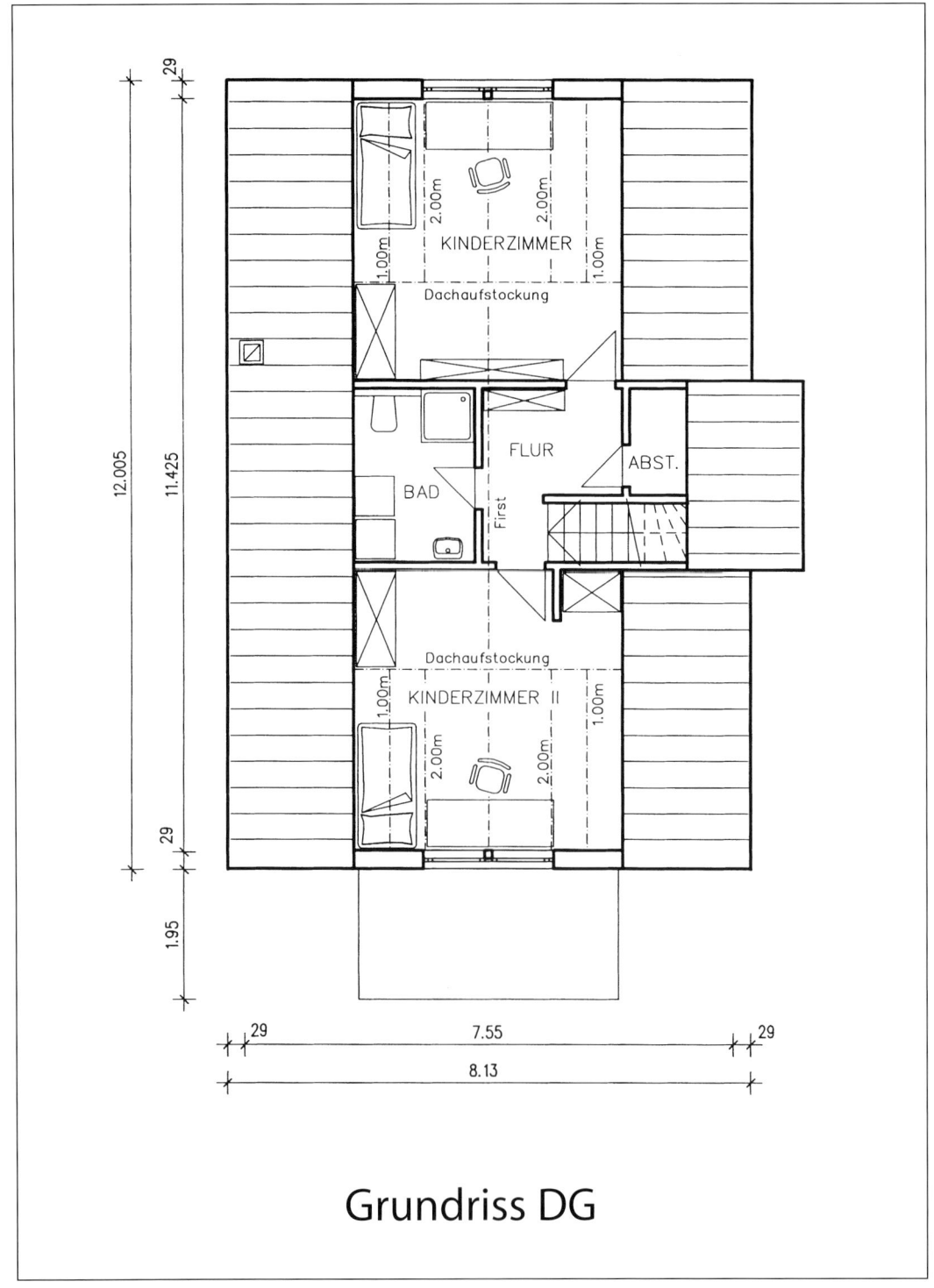

Grundriss DG

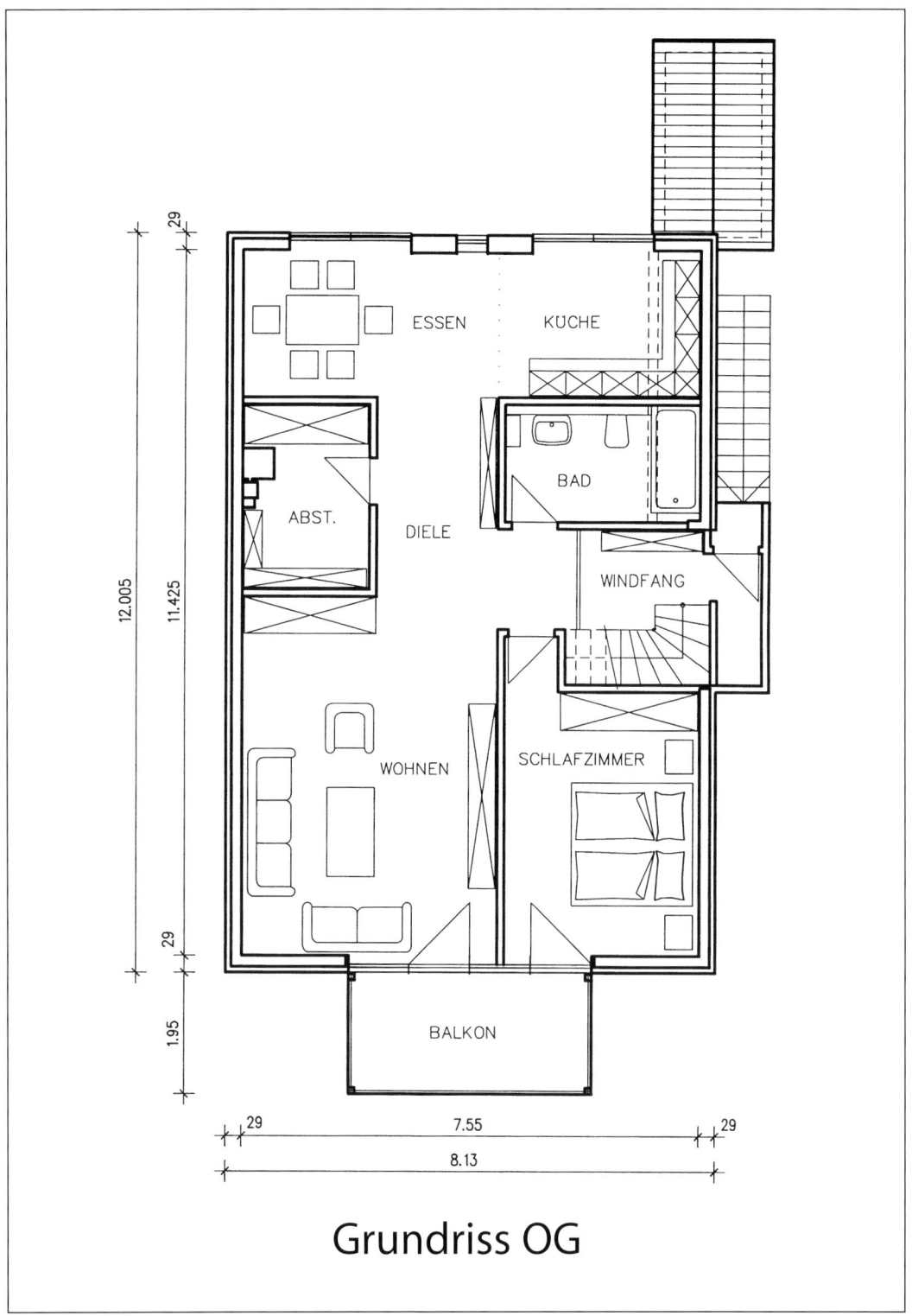

Grundriss OG

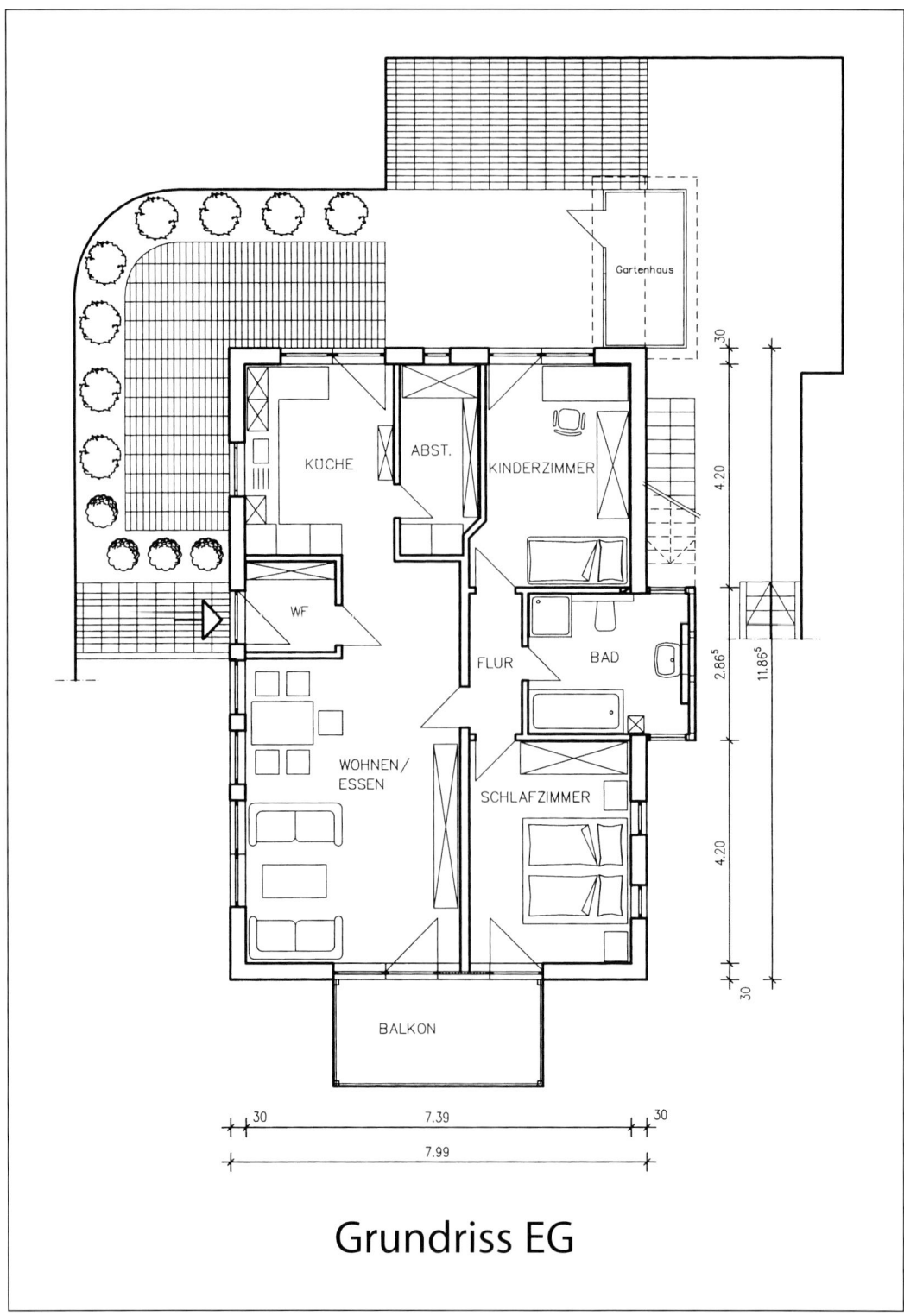

Grundriss EG

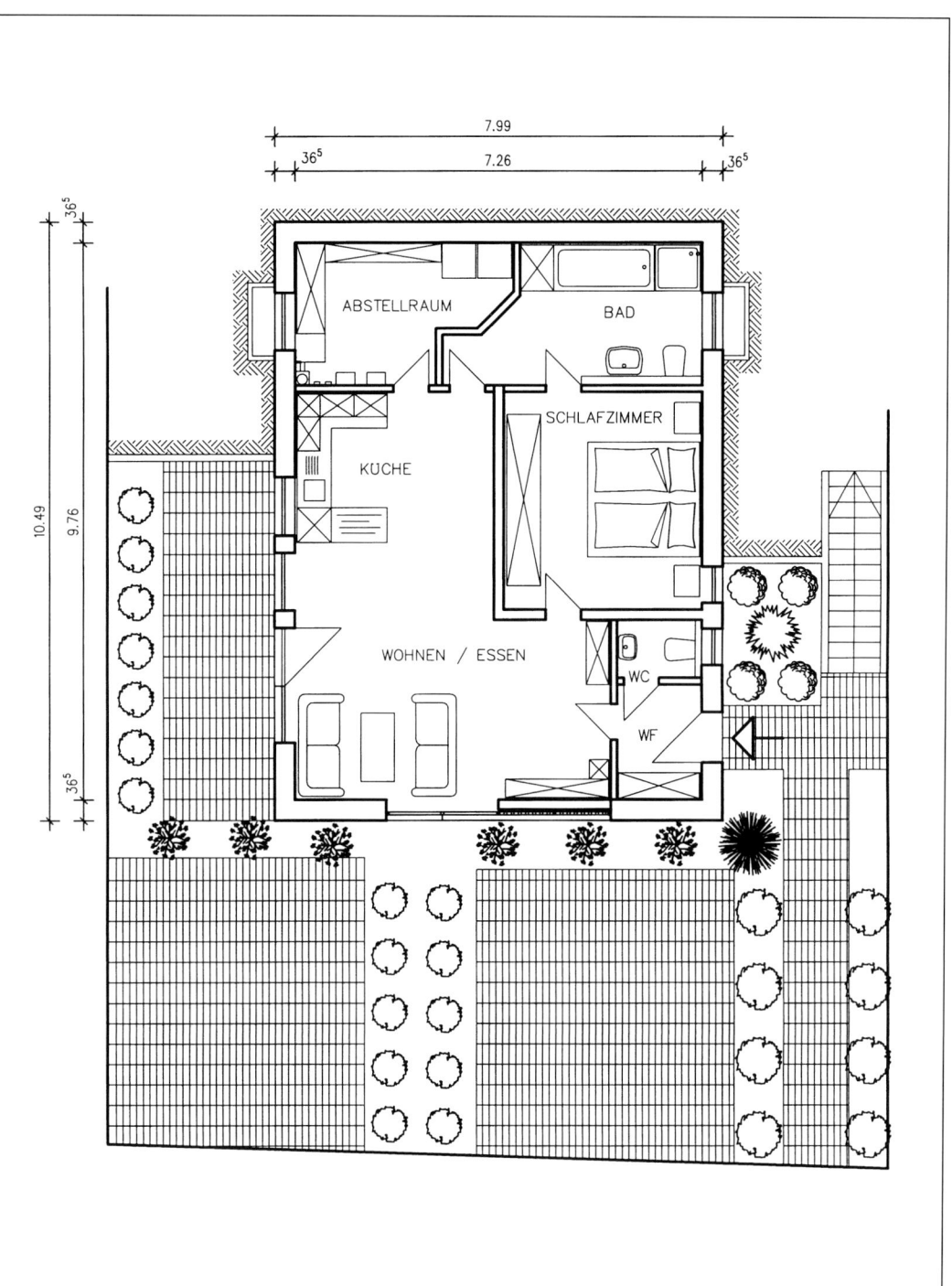

Grundriss KG

10.6   Baubeschreibung

Baubeschreibung zum Bauantrag

vom _____ als Ergänzung zum
Lageplan und zu den Bauzeichnungen
bei Errichtung oder Änderung baulicher Anlagen

Im vereinfachten Genehmigungsverfahren sind Angaben zu den gekennzeichneten Ziffern 6 – 9, 11 – 13 und 16 nicht erforderlich. Für gewerbliche Vorhaben ist eine zusätzliche Baubeschreibung (Betriebsbeschreibung) beizufügen!

| **Bauherr:** | Eheleute Mustermann, 11111 Musterstadt |
| **Grundstück:** | |

Gemarkung(en):		**Flur:**	**Flurstück:**

1	Bezeichnung des Vorhabens		Prüfvermerke
	Nähere Erläuterung der Nutzung	Dreifamilienwohnhaus	
	☐ Betriebsbeschreibung ist beigefügt		
2	Grundstücksbeschaffenheit: bisherige Nutzung	Garten ohne Pflege	
	geschützter Baumbestand	keiner	
3	Verbleib des Mutterbodens	auf dem Grunstück	
	Lage des Grundstückes in besonderen Bereichen	☐ Naturschutz ☐ Wasserschutz ☐ Landschaftsschutz ☐ Lärmschutz ☐ Satzungen: _____ ☐ Leitungsstraßen: _____	
	Denkmalschutz	☐ Denkmalbereich ☐ auf dem Grundstück ☐ Baudenkmal ☐ Entfernung vom ☐ Bodendenkmal Grundstück: _____ m	
4	Anschluss des Grundstückes an die öffentliche Verkehrsfläche	☐ Bundesstraße Nr. _____ ☐ unmittelbar angrenzend ☐ Landesstraße Nr. _____ ☐ über anderes Grundstück ☐ Kreisstraße Nr. _____ ☐ öffentlich-rechtlich gesichert ☐ Gemeindestraße ☐ befahrbar ☐ sonstige öffentliche Straße ☐ Befahrbarkeit gesichert ab: _____	
	Trinkwasserversorgung	☐ zentrale Wasserversorgung ☐ vorhanden ☐ Brunnen ☐ fertig gestellt bis zum: _____	
	Grundstücksentwässerung	☐ öffentliche Sammelkanalisation ☐ vorhanden ☐ sonstige Anlage, Art ☐ fertig gestellt bis zum: _____	
	Löschwasserversorgung Art und Entfernung zur Entnahmestelle	öffentliche Wasserversorgung	

	Baubeschreibung Blatt 2	Bauherr: Eheleute Mustermann	Prüfvermerke
5	Besonderheiten der Baustellen-einrichtung und des Bau-ablaufes (z.B. Sicherheits-vorkehrungen, Bauzaun, Schutz vorhandener Bäume, Unterfangungen, Abbruch-vorgänge, Taktverfahren)		
	Verbleib des Abbruchmaterials		
6	Schutz gegen Feuchtigkeit, Korrosion und Schädlinge	DIN 18195	
7	Schallschutz ☐ Nachweise sind beigefügt	☐	
8	Brandverhalten der Bauteile, besondere Brandschutz-abschlüsse ☐ Gutachten ist beigefügt ☐ Nachweise sind beigefügt	☐ ☐	
9	Anlagen, Einrichtungen und Geräte für den Brandschutz	☐ Handfeuerlöscher ☐ Rauchabzüge ☐ Wandhydrant ☐ Rauchmelder ☐ trockene Steigleitung ☐ Feuermelder ☐ nasse Steigleitung ☐ Blitzschutzanlagen ☐ Sprinkleranlage	
10	Angaben zur Beheizung und Brennstofflagerung:	Gesamt-Nennwärmeleistung kW: 11 ☐ Einzelfeuerstätten ☐ Zentralheizung ☐ Außenwandfeuerstätten ☐ Wärmepumpe ☐ Stockwerkheizung ☐ Sonstiges: Jede Wohnung erhält eigene Therme ☐ fester Brennstoff ☐ Gas ☐ Heizöl _____ Liter ☐ Flüssiggas: _____ m³ ☐ Elektrizität ☐ Fernwärme ☐ Sonstiges: _____ ☐ Heizraum ☐ Lagerraum ☐ Aufstellungsraum ☐ sonstiger Raum	
11	Lüftung	☐ natürliche Lüftung für _____ ☐ Schwerkraftlüftung für_____ ☐ mechanische Lüftung vorhanden ☐ Klimaanlage für_____	

	Baubeschreibung Blatt 3	Bauherr: Eheleute Mustermann	Prüfvermerke
	Ausführungsart		
	Brandschutz	☐ **Bauvorlagen gemäß Richtlinie über die brandschutztechnischen Anforderungen an Lüftungsanlagen sind beigefügt** ☐ **Nachweise sind beigefügt**	
12	Besondere Einrichtungen (z.B. Aufzüge, Müllabwurf- anlagen, Wasserdruck- erhöhungsanlagen, Ersatz- stromanlagen)		
13	Bauliche Maßnahmen zugunsten von Behinderten, alten Menschen und Müttern mit Kleinkindern		
14	Äußere Gestaltung (Werkstoffe und Farben)	**Wände:** Mauerwerk geputzt, hellgrau, Dachwände Holzkonstruktion, verzinkt	
		Dachflächen und Dachaufbauten: Betonpfannen grau	
		Türen und Fenster: Türen weiß, Kunststofffenster	
15	Anzahl der Stellplätze	_____ **in Garagen +** _____ **im Freien =** _____ **insgesamt** **außerhalb des Baugrundstückes** _____ **in Garagen +** ___ **im Freien =** _____ **Baulast** **auf fremdem Grundstück** **+** _____ **durch Ablösung** **Zusammen:** _____	
	Befestigung der Stellplätze	Ökopflaster/Winkelsteine Beton/Außentreppe Betonblockstufen	
	Gestaltung und Eingrünung – der Zufahrten – der Stellplätze im Freien	Ziergarten	
16	Spielplatz für Kleinkinder (Größe und Ausstattung)		
17	Zufahrten u. Bewegungsflächen für die Feuerwehr (Art, Befestigung, Tragfähigkeit	über Privatstraße	
18	Standplatz für Abfall-(Müll-)Behälter (Art, Befestigung, Sichtschutz)	☐ innerhalb des Gebäudes ☐ im Freien	
19	Gestaltung und Bepflanzung der nicht überbauten Flächen	Ziergarten	
20	Sonstige Außenanlage z.B. Grundstückseinfriedung (Material, Maße, Farben)		
21	Sonstiges		

Entwurfsverfasser (Anschrift, Datum, Unterschrift)   **Fachplaner** (Anschrift, Datum, Unterschrift)

10.7   Berechnung des umbauten Raumes nach DIN 277

Bauvorhaben	Neubau eines Dreifamilienwohnhauses
Bauherr	Eheleute Mustermann
Architekt	Schulz, 11111 Musterstadt

Gebäude allseitig umschlossen und überdeckt

	Länge	Breite	Faktor	Höhe	m³
Kellergeschoss	10,49	7,99	1	2,78	233,01
Erdgeschoss	11,885	7,99	1	2,77	263,04
Obergeschoss	12,005	8,13	1	2,20	214,72
Dach OG – DG	12,005	8,13	0,5	4,06	198,13

| **Dachaufbau DG** | | **Fläche:** 5,08 | | |
| | | **Länge:** 5,86 | | 29,77 |

| **Erker vom EG bis Dachaufbau** | | **Fläche:** 7,39 | | |
| | | **Länge:** 2,87 | | 21,17 |

Gesamter umbauter Raum: **959,84**

Bauherr: _____   Architekt: _____

10.8   Berechnung der Wohnfläche

Bauvorhaben	Neubau eines Dreifamilienwohnhauses
Bauherr	Eheleute Mustermann
Architekt	Schulz, 11111 Musterstadt

		m²	Faktor	m²	
KG	Abstellraum	8,16	0,97	7,92	
	Bad	9,64	0,97	9,35	
	Schlafzimmer	13,50	0,97	13,10	
	Küche	9,36	0,97	9,08	
	Wohnen/Essen	22,44	0,97	21,77	
	WC	1,53	0,97	1,48	
	Windfang	3,06	0,97	2,97	
	Terrasse	13,20	0,50	6,60	**72,26**
					Wohnfläche KG
					72,26
EG	Abstellraum	5,31	0,97	5,15	
	Küche	10,83	0,97	10,51	
	Kinderzimmer	11,96	0,97	11,60	
	Windfang	2,99	0,97	2,90	
	Flur	2,66	0,97	2,58	
	Bad	8,13	0,97	7,89	
	Schlafzimmer	12,98	0,97	12,59	
	Wohnen/Essen	28,10	0,97	27,26	
	Balkon	8,02	0,50	4,01	**84,48**
					Wohnfläche EG
					84,48
OG	Essen	10,06	0,97	9,76	
	Küche	9,42	0,97	9,14	
	Abstellraum	6,32	0,97	6,13	
	Diele	9,04	0,97	8,77	
	Bad	6,13	0,97	5,95	
	Windfang	3,23	0,97	3,13	
	Wohnen	24,00	0,97	23,28	
	Schlafzimmer	14,30	0,97	13,87	
	Balkon	7,74	0,50	3,87	**80,03**
DG	Kinderzimmer	14,72	1,00	14,72	
	Bad	4,91	1,00	4,91	
	Flur	4,58	1,00	4,58	
	Abstellraum	1,43	1,00	1,43	
	Kinderzimmer II	14,72	1,00	14,72	**40,36**
					Wohnfläche OG + DG
					120,39

Wohnfläche KG + EG + OG + DG   277,13   m²

Bauherr: _____   Architekt: _____

10.9   Kostenberechnung nach DIN 276 (Ebene 3)

Bauherr:	Eheleute Mustermann		
Objekt:	Musterstraße		

Nr.	Kostengruppe	Teilbetrag €	Gesamtbetrag €
100	*Grundstück, hier 18,4 % der Gesamtkosten*		
110	**Grundstückswert**	61.355,–	
120	*Grundstücksnebenkosten*		
122	Gerichtsgebühren	1.130,–	
123	Notariatsgebühren	2.040,–	
125	Grunderwerbsteuer	2.417,–	
130	*Freimachen*		
	Summe 100		**67.156,–**
200	*Herrichten und Erschließen, hier 1,5 % der Gesamtkosten*		
210	**Herrichten**	0,–	
220	**Öffentliche Erschließung**		
221	Abwasserentsorgung	1.740,–	
222	Wasserversorgung	1.130,–	
223	Gasversorgung	880,–	
225	Stromversorgung	1.600,–	
226	Telekommunikation		
230	**Nichtöffentliche Erschließung**	5.350,–	
240	**Ausgleichsabgaben**	0,–	
	Summe 200		**5.350,–**
300	*Bauwerk – Baukonstruktionen*		
310	*Erdarbeiten*	9.800,–	3,90 %
320	*Rohbau*	62.000,–	25 %
330	*Dach*		
331	Zimmerarbeiten	9.100,–	3,70 %
332	Unterkonstruktion Fassade	1.800,–	0,70 %
333	Dachdeckung	6.200,–	2,50 %
334	Balkonabdichtung	3.200,–	1,30 %
339	Dachfenster	6.100,–	2,50 %
340	*Edelrohbau*		
341	Putzarbeiten	4.600,–	1,90 %
342	Trockenbau	7.600,–	3,10 %
343	Schlosser (Balkongeländer, Außentreppe)	6.600,–	2,70 %
344	Estrich	3.600,–	1,50 %

Nr.	Kostengruppe	Teilbetrag €	Gesamtbetrag €
350	*Bauelement*		
351	Fenster, Rollladen	23.300,–	9,40 %
353	Türen	4.300,–	1,70 %
354	Treppen (innen Holz)	4.900,–	3,00 %
360	*Fassade*		
361	Außenputz	5.000,–	2,00 %
362	Zinkstehfalzfassade	7.700,–	3,10 %
363	Gerüst	2.900,–	1,20 %
370	*Ausbau*		
371	Fliesen	11.900,–	4,80 %
374	Teppich	3.200,–	1,30 %
390	*Maler*	9.900,–	4,00 %
	Summe 300		**193.700,–**
400	**Bauwerk – Technische Anlagen**		
410	*Sanitär*		
420	*und Heizung*	40.014,–	16,0 %
440	*Elektro*	15.400,–	6,2 %
	Summe 400		**55.414,–**
500	**Außenanlagen, hier 4,2 % der Gesamkosten**		
	Summe 500		**15.500,–**
600	**Kunstwerke und Sonstiges**		
	Summe 600		**0,–**
700	**Baunebenkosten, hier 7,8 % der Gesamtkosten**		
710	*Bauherrenaufgaben* (Annoncen)	1.100,–	
719	Bauherrenaufgaben, Kopierkosten	60,–	
730	*Architekten- und Ingenieurleistungen*		
731	Architekt	9.200,–	
735	Tragwerksplanung	3.000,–	
740	*Gutachten und Beratung*		
743	Gutachten	260,–	
744	Vermessung	2.200,–	
760	Finanzierungskosten	8.200,–	
770	*Allgemeine Baunebenkosten*		
771	Prüfungen Tragwerksplanung	2.800,–	
779	Genehmigungen	1.400,–	
790	*Abnahmen Bauaufsichtsamt*	260,–	
	Summe 700		**28.480,–**

Zusammenstellung der Kosten			
Kostengruppen		**Teilbetrag** **€**	**Gesamtbetrag** **€**
Summe 100	Grundstück	67.156,–	
Summe 200	Herrichten und Erschließen	5.350,–	
Summe 300	Bauwerk – Baukonstruktionen	193.700,–	
Summe 400	Bauwerk – Technische Anlagen	55.414,–	
Summe 500	Außenanlagen	15.500,–	
Summe 600	Ausstattung und Kunstwerke	0,–	
Summe 700	Baunebenkosten	28.480,–	
	zur Abrundung		
	geschätzte Gesamtkosten		**365.600,–**

10.10 HOAI-Vertrag für Gebäude

Der folgende Vertrag ist ein Mustervertrag der Kohlhammer GmbH,
das Formular ist zu beziehen über:

W. Kohlhammer GmbH
Fachverlag für Architektur/Bauwesen
70549 Stuttgart
Fax: 07 11 / 78 63 - 84 60
E-Mail: fab@kohlhammer.de

HOAI-Vertrag für Gebäude

Zwischen dem **Auftraggeber**
ggf. vertreten durch

und dem **Auftragnehmer**
ggf. vertreten durch

wird folgender **Vertrag** geschlossen:

§ 1 Gegenstand des Vertrages und Leistungen des Auftragnehmers

1.1 Gegenstand des Vertrages [1] sind Leistungen für folgende Baumaßnahmen

☐ Neubau   ☐ Erweiterung   ☐ Umbau

☐ Modernisierung   ☐ Instandsetzung / Instandhaltung   ☐ Freianlagen

☐

für das Bauvorhaben

1.2 Zur Herbeiführung des vereinbarten Werkerfolgs wird der Auftragnehmer von dem Auftraggeber mit nachfolgenden HOAI-Leistungen beauftragt, deren Inhalt sich aus den Leistungsphasen des § 15 Abs. 2 HOAI ergibt; dabei sind die **Grundleistungen** der Leistungsphasen des § 15 Abs. 2 HOAI zu erbringen, soweit sie zur Erfüllung des Vertrages notwendig sind.

☐ **1 - Grundlagenermittlung:** Ermitteln der Voraussetzungen zur Lösung der Bauaufgabe durch die Planung.

mit Ausnahme von:

☐ **2 - Vorplanung:** Erarbeiten der wesentlichen Teile einer Lösung der Planungsaufgabe.

mit Ausnahme von:

☐ **3 - Entwurfsplanung:** Erarbeiten der endgültigen Lösung der Planungsaufgabe.

mit Ausnahme von:

☐ **4 - Genehmigungsplanung:** Erarbeiten und Einreichen der Vorlagen für die erforderlichen Genehmigungen oder Zustimmungen.

mit Ausnahme von:

☐ **5 - Ausführungsplanung:** Erarbeiten und Darstellen der ausführungsreifen Planungslösung.

mit Ausnahme von:

[1] Die in diesem Vertrag mit ☐ versehenen Bestimmungen sind **im Vereinbarungsfall** anzukreuzen (☒) . Ist eine Bestimmung nicht angekreuzt, so gilt sie als nicht vereinbart.

☐ **6 - Vorbereitung der Vergabe:** Ermitteln der Mengen und Aufstellen von Leistungsverzeichnissen.

mit Ausnahme von:

☐ **7 - Mitwirkung bei der Vergabe:** Ermitteln der Kosten und Mitwirkung bei der Auftragsvergabe.

mit Ausnahme von:

☐ **8 - Objektüberwachung (Bauüberwachung):** Überwachen der Ausführung des Objekts.

mit Ausnahme von:

☐ **9 - Objektbetreuung und Dokumentation:** Überwachen der Beseitigung von Mängeln und Dokumentation des Gesamtergebnisses.

mit Ausnahme von:

1.3 Die Einzelheiten der geschuldeten Grundleistungsinhalte ergeben sich aus § 15 Abs. 2 HOAI oder als Anlage I zu diesem Vertrag ausdrücklich zum Vertragsinhalt gemacht wird.

1.4 Dem Auftragnehmer werden ☐ sofort ☐ stufenweise folgende Leistungsphasen übertragen:

Wird die in § 1 genannte Maßnahme ganz oder teilweise durchgeführt, hat der Auftragnehmer einen Anspruch auf Beauftragung mindestens einschließlich Leistungsphase 5 sowie baukünstlerische Überwachung, letzten nur, falls die Leistungsphasen 8 (und 9) nicht zur Übertragung gelangen. Der Auftragnehmer ist von der Pflicht zur Erbringung weiterer Leistungen entbunden, wenn diese nicht innerhalb eines Zeitraumes von 36 Monaten nach Abschluss der zuletzt erbrachten Leistung beauftragt werden. Aus der stufen- / abschnittsweisen Beauftragung sind keine weitergehenden Ansprüche abzuleiten.

1.5 Zusätzlich wird beauftragt:

1.5.1 ☐ Baukünstlerische Überwachung nach § 15 Abs. 3 HOAI [2]; Überwachen der Herstellung des Objekts hinsichtlich der Einzelheiten der Gestaltung

1.5.2 ☐ Leistungen nach der Wärmeschutzverordnung (§ 78 HOAI)

1.5.3 ☐ Erstellen eines Entwässerungsgesuchs (§ 73 HOAI)

1.5.4 ☐ weitere HOAI-Leistungen:

1.5.5 ☐ sonstige Leistungen:

1.6 Besondere Leistungen (§ 2 Abs. 3 HOAI)

1.6.1 Zu den Grundleistungen werden außerdem folgende Besondere Leistungen beauftragt:

1.6.2 Werden nach Vertragsschluss weitere Besondere Leistungen erforderlich, so sind diese zusätzlich zu vereinbaren.

1.6.3 Soweit Besondere Leistungen mit dem Ziel beauftragt werden, Kosteneinsparungen zu erreichen, ist zuvor eine gesonderte schriftliche Vereinbarung zu treffen (§ 5 Abs. 4 a HOAI).

[2]   Baukünstlerische Überwachung kann nur beauftragt werden, wenn dem Auftragnehmer nicht zugleich Leistungen der Leistungsphase 8 (Objektüberwachung, Bauüberwachung) übertragen sind.

1.7 Im Rahmen seiner vertraglichen Aufgaben hat der Auftragnehmer gegenüber dem Auftraggeber eine umfassende Unterrichtungspflicht. Insbesondere wenn erkennbar wird, dass die ermittelten Baukosten überschritten werden, ist der Auftragnehmer verpflichtet, den Auftraggeber unverzüglich zu unterrichten.

1.8 Soweit es seine Aufgabe erfordert, ist der Auftragnehmer berechtigt und verpflichtet, die Rechte des Auftraggebers zu wahren, insbesondere hat er den am Bau Beteiligten die notwendigen Weisungen zu erteilen. Hat der Auftragnehmer Bedenken gegen die Weisungen des Auftraggebers, so hat er diese unverzüglich anzumelden. Finanzielle Verpflichtungen für den Auftraggeber darf der Auftragnehmer nur eingehen, wenn Gefahr im Verzug und das Einverständnis des Auftraggebers nicht rechtzeitig zu erlangen ist.

1.9 Der Auftragnehmer hat den Auftraggeber über die Notwendigkeit des Einsatzes von Fachingenieuren sowie deren Leistungsumfang zu beraten und die von den Fachingenieuren erbrachten Leistungen fachlich und zeitlich zu koordinieren, mit seinen Leistungen abzustimmen und in diese einzuarbeiten.

§ 2 Aufgaben des Auftraggebers

2.1 Der Auftraggeber fördert die Planung und Durchführung der Bauaufgabe, insbesondere soll er alle anstehenden Fragen auf berechtigtes Verlangen des Auftragnehmers unverzüglich entscheiden.

2.2 Die notwendigen Fachingenieure werden nach Beratung seitens des Auftragnehmers durch den Auftraggeber beauftragt.
Der Auftraggeber beauftragt zunächst folgende Fachingenieure für:

☐	Bodengutachten (Gründungsberatung)
☐	Tragwerksplanung (Statik)
☐	Technische Ausrüstung
☐	

2.3 Der Auftraggeber übergibt dem Auftragnehmer sämtliche das Bauvorhaben betreffenden Rechnungen, soweit diese für die Vertragserfüllung oder die Erstellung der Honorarrechnung erforderlich sind.

2.4 Der Auftraggeber nimmt die Leistungen des Auftragnehmers, der Fachingenieure sowie der Unternehmer rechtsgeschäftlich ab. Es erfolgt eine förmliche Abnahme der bis zur Baufertigstellung erbrachten Leistungen. Mit Beendigung der weiteren Leistungen des Auftragnehmers wird diesem die vertragsgerechte Erbringung schriftlich bestätigt. Von dem Tag der Abnahme an läuft die Gewährleistungsfrist nach § 6.2 dieses Vertrages für die bis dahin abgenommenen Leistungen, für die späteren mit dem Datum der schriftlichen Bestätigung der vertragsgerechten Erbringung. Im übrigen gelten §§ 640, 641 a BGB.

2.5 Im Interesse eines reibungslosen Bauablaufs soll der Auftraggeber Weisungen an die am Bau Beteiligten nur im Einvernehmen mit dem Auftragnehmer erteilen.

2.6 Zur Sicherung der Auftraggeber-Interessen kann der Auftraggeber die Verwendung bestimmter Formulare für Verträge, Leistungsverzeichnisse, Kostenermittlungen und Honorarrechnungen und eine Abstimmung über den Baustellenablauf verlangen.

2.7 Rechtliche Bestimmungen aus dem Einflussbereich des Auftraggebers müssen genau bezeichnet sein, bei Vertragsschluss vorliegen und dem Auftragnehmer ausgehändigt sein. Eine Einbeziehung nach Vertragsschluss ergangener Vorschriften ist wie eine Vertragsergänzung zu behandeln. Eine Einbeziehung ohne Beachtung vorstehender Handhabung ist unwirksam.

§ 3 Grundlagen des Honorars des Auftragnehmers

3.1 Honorarzone, der das Objekt nach §§ 11, 12, 13 HOAI angehört

Honorarsatz (§ 4 HOAI)

3.2 Die in § 1 beauftragten Grundleistungen werden gem. § 15 Abs. 1 HOAI wie folgt vergütet:

	Gebäude		Freianlagen[4]	
	v. H. des Honorars nach § 16 HOAI	beauftragt	v. H. des Honorars nach § 17 HOAI	beauftragt
Grundlagenermittlung	3%[3]	%	3%	%
Vorplanung	7%[3]	%	10%	%
Entwurfsplanung	11%	%	15%	%
Genehmigungsplanung	6%	%	6%	%
Ausführungsplanung	25%	%	24%	%
Vorbereitung der Vergabe	10%	%	7%	%
Mitwirkung bei der Vergabe	4%	%	3%	%
Objektüberwachung (Bauüberwachung)	31%[3]	%	29%	%
Objektbetreuung und Dokumentation	3%	%	3%	%
Summe		%		%

[3] Bei Umbauten und Modernisierungen kann anstelle des Zuschlags nach § 24 Abs. 2 HOAI für die Leistungsphase 1, 2 und 8 eine höhere Bewertung der Grundleistungen unter § 3.3 schriftlich vereinbart werden.

[4] Werden ausschließlich Leistungen für Freianlagen übertragen, so ist der "Vertrag für Freianlagen" (Kohlhammer-Vordruck 00/600/5702/60) zu verwenden.

3.3 ☐ Zuschlag für Umbau und Modernisierung (§ 24 HOAI) [5] . . . . `%`

oder

☐ anstelle des Zuschlags nach § 24 HOAI werden die Leistungsphasen 1, 2 und 8 abweichend von Ziffer 3.2 bewertet [6] mit

1. Grundlagenermittlung   statt   3% . . . . `%`

2. Vorplanung   statt   7% . . . . `%`

3. Objektüberwachung   statt   31% . . . . `%`

☐ Zuschlag für Bauüberwachung [7] bei Instandhaltung und Instandsetzung (§ 27 HOAI) . . . . `%`

☐ Vorplanung **oder** Entwurfsplanung [8] abweichend von Ziffer 3.2 als Einzelleistung (§ 19 HOAI) . . . . `%`

☐ Überwachung der Herstellung des Objekts hinsichtlich der Gestaltung (§ 15 Abs. 3 HOAI) . . . . `%`

3.4 ☐ Die anrechenbaren Kosten werden unter Zugrundelegung der jeweiligen Kostenermittlungsarten gem. § 10 Abs. 2 HOAI ermittelt.

oder

☐ Die Vertragsparteien vereinbaren, dass das Honorar des Auftragnehmers für die vereinbarten Grundleistungen gemäß § 4 a Satz 1 HOAI auf der Grundlage einer nachprüfbaren Ermittlung der voraussichtlichen Herstellungskosten

☐ nach Kostenberechnung (gem. § 10 Abs. 2 HOAI)   ☐ nach Kostenanschlag (gem. § 10 Abs. 2 HOAI)

berechnet wird.

Endet das Vertragsverhältnis zu einem Zeitpunkt, zu dem die vereinbarte nachprüfbare Ermittlung der voraussichtlichen Herstellungskosten noch nicht vorliegt, so gilt gem. § 10 Abs. 2 HOAI der zu diesem Zeitpunkt geschuldete Kostenermittlungsstand.

Soweit auf Veranlassung des Auftraggebers Mehrleistungen des Auftragnehmers erforderlich werden, sind diese zusätzlich zu honorieren (§ 4 a Satz 2 HOAI).

3.5 ☐ Bei einer wesentlichen **Verlängerung der Planungszeit** durch Umstände, die der Auftragnehmer nicht zu vertreten hat, um mehr als

[____] Wochen , und dadurch verursachten Mehraufwendungen,

erhöht sich das Honorar für die Leistungsphasen 1 bis 7 je Verlängerungswoche um

[____] EUR bzw. [____] `%`

☐ Bei einer wesentlichen **Verlängerung der Bauzeit** durch Umstände, die der Auftragnehmer nicht zu vertreten hat, um mehr als

[____] Wochen , und dadurch verursachten Mehraufwendungen,

erhöht sich das Honorar für die Leistungsphase 8 je Verlängerungswoche um

[____] EUR bzw. [____] `%` [9]

Die Ansätze sind erst gerechtfertigt, soweit die Verlängerung die aufgeführten Zeiträume übersteigt (§ 4 a Satz 3 HOAI [10]).

3.6 Die anrechenbaren Kosten der technisch oder gestalterisch mitzuverarbeitenden Bausubstanz werden gemäß § 10 Abs. 3 a HOAI mit folgendem Wert als angemessen vereinbart:

[____] m³ zu je EUR [____]   **oder pauschal** [____] EUR

Ändert sich der Umfang der anzurechnenden Bausubstanz während der Durchführung des Auftrages, so ist der nach § 10 Abs. 3 a HOAI angenommene Wert anzupassen. Ist der Umfang der Anrechnung bei Vertragsabschluss nicht schriftlich vereinbart, so holen die Parteien die Vereinbarung später nach.

5) Nach § 24 HOAI kann bei durchschnittlichem Schwierigkeitsgrad ein Zuschlag von 20 bis 30 % des Honorars vereinbart werden.
   Bei überdurchschnittlichem Schwierigkeitsgrad kann ein Zuschlag über 33 % vereinbart werden.
6) Im Falle einer höheren Bewertung von Leistungsphase 1, 2 und 8 entfällt der Umbauzuschlag.
7) Nach § 27 HOAI kann ein Zuschlag bis zu 50 % des Honorars vereinbart werden.
8) Die in § 19 Abs. 1 HOAI vorgesehenen v. H.-Sätze der Honorare sind einzusetzen.
9) Im Falle einer Vereinbarung des § 3.5 ist § 5.1 nicht zu vereinbaren.
10) § 4 a Satz 3 HOAI lautet: Verlängert sich die Planungs- und Bauzeit wesentlich durch Umstände, die der Auftragnehmer nicht zu vertreten hat, kann für die dadurch verursachten Mehraufwendungen ein zusätzliches Honorar vereinbart werden.

3.7 Honorierung der **Besonderen Leistungen**

3.7.1 Die gemäß § 1 Ziffer 1.6 vereinbarten Besonderen Leistungen werden wie folgt honoriert:

	EUR
	EUR
	EUR
	EUR

Erfolgt keine gesonderte Vergütungsregelung, so wird das Honorar als Zeithonorar durch Vorausschätzung des Zeitbedarfs als Fest- oder Höchstbetrag, oder - sofern eine Vorausschätzung nicht möglich ist - nach dem nachgewiesenen Stundenaufwand abgerechnet. Folgende **Stundensätze** werden vereinbart (§ 6 Abs. 2 HOAI):

Für den Auftragnehmer	Für den Mitarbeiter, der technische oder wirtschaftliche Aufgaben erfüllt	Für den Technischen Zeichner und sonstige Mitarbeiter mit vergleichbarer Qualifikation
EUR	EUR	EUR

3.7.2 Sollen nach Vertragsschluss Besondere Leistungen übertragen werden, so ist über diese Leistungen und über die Honorarhöhe eine schriftliche Vereinbarung zu treffen. Wird diese Honorarhöhe nicht vereinbart, so gilt der vorstehend aufgeführte Stundensatz.

3.8 Die Honorierung für **Leistungen nach der Wärmeschutzverordnung** richtet sich nach § 78 HOAI. Der Auftragnehmer erbringt folgende Leistungen:

Bewertung in v. H. der Honorare

☐ Erarbeiten des Planungskonzepts für den Wärmeschutz . . . . 20 %

☐ Erarbeiten des Entwurfs einschließlich der überschlägigen Bemessung, den Wärmeschutz und Durcharbeiten konstruktiver Details der Wärmeschutzmaßnahmen . . . . 40 %

☐ Aufstellen des prüffähigen Nachweises des Wärmeschutzes . . . . 25 %

☐ Abstimmen des geplanten Wärmeschutzes mit der Ausführungsplanung und der Vergabe . . . . 15 %

Vereinbarte Honorarzone [   ] vereinbarter Honorarsatz [   ]

Werden sonstige Leistungen nach § 77 HOAI übertragen, wird der Auftragnehmer nach dem in § 3.7.1 vereinbarten Stundensatz honoriert.

3.9 Die Honorierung für die **Erstellung des Entwässerungsgesuchs** richtet sich nach §§ 73, 74 HOAI.

Über Umfang und Honorierung des Entwässerungsgesuchs treffen die Parteien

☐ eine gesonderte Vereinbarung

☐ folgende Vereinbarung:

[   ]

3.10 Die in § 1 Ziffer 1.5.4 vereinbarten weiteren HOAI-Leistungen werden wie folgt honoriert:

[   ]

Die in § 1 Ziffer 1.5.5 vereinbarten sonstigen Leistungen werden wie folgt honoriert:

[   ]

3.11 Wenn die Vertragspartner von einem einvernehmlich festgelegten Planungsinhalt aus Gründen abweichen, die nicht auf einem Planungsfehler des Auftragnehmers beruhen, werden die Änderungsleistungen gesondert vergütet. Die Vergütung erfolgt nach den Bemessungskriterien des Vertrages unter Ermittlung des Prozentsatzes des Änderungsumfangs im Verhältnis zur Ursprungsleistung. Ist dieser Prozentsatz so gering, dass sich aufgewendeten Änderungsstunden zu dem Stundensatz nach § 3.7.1 ein höheres Honorar ergäben, so ist dieses geschuldet.

3.12 Die **Nebenkosten** (§ 7 HOAI) werden berechnet:

☐ insgesamt mit einer Pauschale von . . . . [   ] % des Nettohonorars.

☐ Post- und Fernmeldegebühren pauschal mit . . . . [EUR] / [   ] % des Nettohonorars, im übrigen auf Nachweis.

☐ insgesamt auf Nachweis mit folgender Maßgabe:

- Fahrtkosten bei Benutzung des eigenen PKW [EUR / km] , sonst die nachgewiesenen Kosten öffentlicher Verkehrsmittel

- eine Tagegeldpauschale von . . . . [EUR]

- Übernachtungskosten . . . . [EUR]

☐ [   ]

3.13 Der Auftragnehmer ist zu Abschlagszahlungen gemäß § 8 Abs. 2 HOAI berechtigt, die sich im Falle eines vereinbarten Zahlungsplanes nach dessen Festlegungen richten.

3.14 Die **Umsatzsteuer** zu den Honoraren und Nebenkosten wird zusätzlich in Rechnung gestellt (§ 9 HOAI).

3.15 ☐ Der Auftraggeber wird gemäß § 648 a Abs. 1 BGB in Höhe von . . [_____] EUR

☐ Sicherheit leisten (§ 648 a Abs. 1 BGB).

☐ eine selbstschuldnerische Bürgschaft eines im Geltungsbereich dieses Gesetzes zum Geschäftsbetrieb befugten Kreditinstituts oder Kreditversicherers beibringen.

Der Auftragnehmer wird die üblichen Kosten der Sicherheitsleistung bis zu einem Höchstsatz von 2 % pro Jahr erstatten.

3.16 Über die bis zur einvernehmlich erklärten Bezugsfertigkeit erbrachten Leistungen kann der Auftragnehmer eine Teilschlussrechnung stellen, wenn die bis dahin erbrachten Leistungen abgenommen sind. Das Honorar wird fällig bis auf das für die bei Bezugsfertigkeit noch nicht erbrachten Leistungen. Für die bei Bezugsfertigkeit ausstehenden Leistungen wird pauschal folgender Abzug vorgenommen:

	Abzug [11]				Abzug [11]	
☐ Rechnungsprüfung	3,5 %	bzw.	[__] %	☐ Kostenfeststellung	1,0 %	bzw. [__] %
☐ Antrag auf behördliche Abnahme und Teilnahme daran	0,4 %	bzw.	[__] %	☐ Übergabe des Objekts		bzw. [__] %
☐ Überwachen der Beseitigung der Mängel	1,5 %	bzw.	[__] %	☐ Kostenkontrolle	1,0 %	bzw. [__] %

☐ [_____]

Die bei Bezugsfertigkeit noch nicht erbrachten Leistungen der Phase sowie der Phase werden fällig mit Abnahme gemäß HOAI-Vertrag.

3.17 Der Auftraggeber kann gegen den Honoraranspruch nur mit einer unbestrittenen oder rechtskräftig festgestellten Forderung aufrechnen.

3.18 Es gilt die zum Zeitpunkt des Vertragsschlusses gültige Honorarordnung (HOAI). Die Vertragsparteien vereinbaren, dass Leistungen, die nach dem Inkrafttreten einer neuen HOAI, frühestens jedoch vier Monate nach Vertragsschluss, erbracht werden, nach den ab diesem Zeitpunkt geltenden Honorartafeln und Stundensätzen honoriert werden. Die in diesem Vertrag vereinbarten Prozentsätze, um die das vereinbarte Honorar die Mindestsätze überschreitet, bleiben gültig.

Sonstige neue Inhalte einer HOAI-Novelle bedürfen einer schriftlichen Vertragsänderung, die keine Rückwirkung besitzt (§ 103 HOAI).

§ 4   Schutz des Auftragnehmer-Werkes

4.1 Dem Auftragnehmer verbleiben alle Rechte, die ihm nach dem Urheberrechtsgesetz in der bei Vertragsschluss geltenden Fassung zustehen.

4.2 Der Auftraggeber darf ohne den Auftragnehmer urheberrechtlich geschütztes geistiges Eigentum nur verwerten, wenn ihm ein entsprechendes Nutzungsrecht übertragen ist.

4.3 Änderungen urheberrechtlich geschützter Bauwerke sind ohne Einwilligung des Auftragnehmers unzulässig, es sei denn, die Verweigerung der Bewilligung verstößt gegen Treu und Glauben. Der Auftragnehmer kann verlangen, mit den Änderungen beauftragt zu werden, sofern dies für den Auftraggeber nicht unzumutbar ist.

4.4 Der Auftragnehmer ist berechtigt - auch nach Beendigung dieses Vertrages - das Bauwerk oder die bauliche Anlage in Abstimmung mit dem Auftraggeber zu betreten, um fotografische oder sonstige Aufnahmen zu fertigen. Dies gilt nicht für geheimhaltungsbedürftige Bauwerksteile (z.B. Sicherheitseinrichtungen, Tresorräume).

4.5 Der Auftraggeber ist zur Veröffentlichung des vom Auftragnehmer geplanten Bauwerks nur unter Namensangabe des Auftragnehmers berechtigt.

4.6 Die über den Vertrag hinausgehende Verwendung nicht urheberschutzfähiger Pläne oder der Nachbau solcher Pläne ist nach der HOAI zu honorieren.

§ 5   Verlängerung der Bauzeit, Unterbrechung des Vertrages

5.1 ☐[12] Dauert die Bauausführung länger als [_____] Monate , und ist die Verlängerung der Bauzeit vom Auftrag-

geber zu vertreten, so sind dem Auftragnehmer nach erfolgloser Mahnung die nachweislich entstandenen Mehrkosten zu erstatten.

5.2 Wird die Durchführung des Vertrages wegen fehlender Mitwirkungshandlungen des Auftraggebers unterbrochen und hat der Auftragnehmer den Auftraggeber ergebnislos zur Mitwirkung aufgefordert, so steht dem Auftragnehmer für die Dauer der Unterbrechung eine angemessene Entschädigung zu. § 21 HOAI bleibt unberührt.

§ 6   Haftung / Gewährleistung und Verjährung

6.1 Gewährleistungs- und Schadensersatzansprüche des Auftraggebers richten sich nach den gesetzlichen Vorschriften.

6.2 Vertragliche Ansprüche des Auftraggebers verjähren nach Ablauf von fünf Jahren, sofern gesetzlich keine anderen Verjährungsfristen vorgesehen sind.

---

11)   Die Prozentsätze können objektgemäß anders vereinbart werden. Sofern bei einer angekreuzten Position kein abweichender Prozentsatz aufgeführt ist, gilt der vorgegebene Abzug.

12)   Nur zu vereinbaren, falls unter § 3.5 hierzu keine Vereinbarung getroffen worden ist.

§ 7 Haftpflichtversicherung

Der Auftragnehmer ist verpflichtet, eine Berufshaftpflichtversicherung nachzuweisen. Die Deckungssummen dieser Versicherung betragen:

für Personenschäden . . . .   EUR

für sonstige Schäden . . . .   EUR

§ 8 Vorzeitige Auflösung des Vertrages

Der Vertrag ist für den Auftraggeber jederzeit, für den Auftragnehmer nur aus wichtigem Grund kündbar. Die Kündigung bedarf der Schriftform. Hat der Auftragnehmer die Kündigung zu vertreten, so hat er nur Anspruch auf Vergütung der bis dahin erbrachten Leistungen, wenn die Leistungen brauchbar sind und einen selbständigen Wert besitzen. In allen anderen Fällen steht dem Auftragnehmer das vertraglich vereinbarte Honorar zu; er muss sich jedoch dasjenige anrechnen lassen, was er infolge der Aufhebung des Vertrages an Aufwendungen erspart oder durch anderweitige Verwendung seiner Arbeitskraft erwirbt oder zu erwerben böswillig unterlässt.

§ 9 Herausgabepflicht

Dem Auftraggeber stehen die genehmigten Bauvorlagen und das Vorhaben betreffende Originale sowie Pausen der Originalzeichnungen zu und sind ihm zeitnah zur Erstellung auszuhändigen. Der Auftragnehmer ist berechtigt, auf eigene Kosten von allem Kopien zu erstellen.

§ 10 Schlussbestimmungen

10.1 Nach dem Vertrag oder der HOAI nicht lösbare Auslegungsfragen beurteilen sich nach den Normen des BGB in der bei Vertragsabschluss gültigen Fassung, insbesondere des Werkvertragsrechts.

10.2 Änderungen, Ergänzungen und Nebenabreden sollen schriftlich erfolgen.

10.3 Falls Bestimmungen dieses Vertrages nichtig sind, wird davon die Gültigkeit der anderen Bestimmungen nicht berührt. Anstelle der nichtigen Bestimmung soll gelten, was dem gewollten Zweck gesetzlich erlaubt sein am nächsten kommt.

§ 11 Zusätzliche Vereinbarungen

11.1

11.2 Sofern der Vertrag der Genehmigung durch eine Aufsichtsinstanz bedarf, ist er bis zur Genehmigung schwebend unwirksam. Deren Genehmigung wirkt zurück auf das Datum der spätesten Unterschriftsleistung eines der Vertragspartner.

Anlagen: [X]   Anlage 1 zu § 3 Abs. 2 HOAI: Leistungsbild Objektplanung für Gebäude, Freianlagen und raumbildende Ausbauten (Grundleistungen)

[ ]   weitere Anlagen, im einzelnen

Unterschriften

Auftraggeber	Auftragnehmer
Ort, Datum	Ort, Datum
Unterschrift(en)	Unterschrift(en)

Anlage I zum HOAI-Vertrag für Gebäude
§ 15 Abs. 2 HOAI: Leistungsbild Objektplanung für Gebäude, Freianlagen und raumbildende Ausbauten
(Grundleistungen)

1. Grundlagenermittlung

Klären der Aufgabenstellung

Beraten zum gesamten Leistungsbedarf

Formulieren von Entscheidungshilfen für die Auswahl anderer an der Planung fachlich Beteiligter

Zusammenfassen der Ergebnisse

2. Vorplanung (Projekt- und Planungsvorbereitung)

Analyse der Grundlagen

Abstimmen der Zielvorstellungen (Randbedingungen, Zielkonflikte)

Aufstellen eines planungsbezogenen Zielkatalogs (Programmziele)

Erarbeiten eines Planungskonzepts einschließlich Untersuchung der alternativen Lösungsmöglichkeiten nach gleichen Anforderungen mit zeichnerischer Darstellung und Bewertung, z.B. versuchsweise zeichnerische Darstellungen, Strichskizzen, gegebenenfalls mit erläuternden Angaben

Integrieren der Leistungen anderer an der Planung fachlich Beteiligter

Klären und Erläutern der wesentlichen städtebaulichen, gestalterischen, funktionalen, technischen, bauphysikalischen, wirtschaftlichen, energiewirtschaftlichen (z.B. hinsichtlich rationeller Energieverwendung und der Verwendung erneuerbarer Energien) und landschaftsökologischen Zusammenhänge, Vorgänge und Bedingungen, sowie der Belastung und Empfindlichkeit der betroffenen Ökosysteme

Vorverhandlungen mit Behörden und anderen an der Planung fachlich Beteiligten über die Genehmigungsfähigkeit

Bei Freianlagen: Erfassen, Bewerten und Erläutern der ökosystemaren Strukturen und Zusammenhänge, z.B. Boden, Wasser, Klima, Luft, Pflanzen- und Tierwelt, sowie Darstellen der räumlichen und gestalterischen Konzeption mit erläuternden Angaben, insbesondere zur Geländegestaltung, Biotopverbesserung und -vernetzung, vorhandenen Vegetation, Neupflanzung, Flächenverteilung der Grün-, Verkehrs-, Wasser-, Spiel- und Sportflächen; ferner Klären der Randgestaltung und der Anbindung an die Umgebung

Kostenschätzung nach DIN 276 oder nach dem wohnungsrechtlichen Berechnungsrecht

Zusammenstellen aller Vorplanungsergebnisse

3. Entwurfsplanung (System- und Integrationsplanung)

Durcharbeiten des Planungskonzepts (stufenweise Erarbeitung einer zeichnerischen Lösung) unter Berücksichtigung städtebaulicher, gestalterischer, funktionaler, technischer, bauphysikalischer, wirtschaftlicher, energiewirtschaftlicher (z.B. hinsichtlich rationeller Energieverwendung und der Verwendung erneuerbarer Energien) und landschaftsökologischer Anforderungen unter Verwendung der Beiträge anderer an der Planung fachlich Beteiligter bis zum vollständigen Entwurf

Integrieren der Leistungen anderer an der Planung fachlich Beteiligter

Objektbeschreibung mit Erläuterung von Ausgleichs- und Ersatzmaßnahmen nach Maßgabe der naturschutzrechtlichen Eingriffsregelung

Zeichnerische Darstellung des Gesamtentwurfs, zum Beispiel durchgearbeitete, vollständige Vorentwurfs- und/oder Entwurfszeichnungen (Maßstab nach Art und Größe des Bauvorhabens; bei Freianlagen im Maßstab 1 : 500 bis 1 : 100, insbesondere mit Angaben zur Verdeutlichung der Biotopflächen zu Vermeidungs-, Schutz-, Pflege- und Entwicklungsmaßnahmen, zur differenzierten Bepflanzung; bei raumbildenden Ausbauten: im Maßstab 1 : 50 bis 1 : 20, insbesondere mit Einzelheiten der Wandabwicklung, Farb-, Licht- und Materialgestaltung), gegebenenfalls auch Detailpläne mehrfach wiederkehrender Raumgruppen

Verhandlungen mit Behörden und anderen an der Planung fachlich Beteiligten über die Genehmigungsfähigkeit

Kostenberechnung nach DIN 276 oder nach dem wohnungsrechtlichen Berechnungsrecht

Kostenkontrolle durch Vergleich der Kostenberechnung mit der Kostenschätzung

Zusammenfassen aller Entwurfsunterlagen

4. Genehmigungsplanung

Erarbeiten der Vorlagen für die nach den öffentlich-rechtlichen Vorschriften erforderlichen Genehmigungen oder Zustimmungen einschließlich der Anträge auf Ausnahmen und Befreiungen unter Verwendung der Beiträge anderer an der Planung fachlich Beteiligter sowie noch notwendiger Verhandlungen mit Behörden

Einreichen dieser Unterlagen

Vervollständigen und Anpassen der Planungsunterlagen, Beschreibungen und Berechnungen unter Verwendung der Beiträge anderer an der Planung fachlich Beteiligter

Bei Freianlagen und raumbildenden Ausbauten: Prüfen auf notwendige Genehmigungen, Einholen von Zustimmungen und Genehmigungen

5. Ausführungsplanung

Durcharbeiten der Ergebnisse der Leistungsphasen 3 und 4 (stufenweise Erarbeitung und Darstellung der Lösung) unter Berücksichtigung städtebaulicher, gestalterischer, funktionaler, technischer, bauphysikalischer, wirtschaftlicher, energiewirtschaftlicher (z.B. hinsichtlich rationeller Energieverwendung und der Verwendung erneuerbarer Energien) und landschaftsökologischer Anforderungen unter Verwendung der Beiträge anderer an der Planung fachlich Beteiligter bis zur ausführungsreifen Lösung

Zeichnerische Darstellung des Objekts mit allen für die Ausführung notwendigen Einzelangaben, z.B. endgültige, vollständige Ausführungs-, Detail- und Konstruktionszeichnungen im Maßstab 1 : 50 bis 1 : 1, bei Freianlagen je nach Art des Bauvorhabens im Maßstab 1 : 200 bis 1 : 50, insbesondere Bepflanzungspläne, mit den erforderlichen textlichen Ausführungen

Bei raumbildenden Ausbauten: Detaillierte Darstellung der Räume und Raumfolgen im Maßstab 1 : 25 bis 1 : 1, mit den erforderlichen textlichen Ausführungen; Materialbestimmung

Erarbeiten der Grundlagen für die anderen an der Planung fachlich Beteiligten und Integrieren ihrer Beiträge bis zur ausführungsreifen Lösung

Fortschreiben der Ausführungsplanung während der Objektausführung

6. Vorbereitung der Vergabe

Ermitteln und Zusammenstellen von Mengen als Grundlage für das Aufstellen von Leistungsbeschreibungen unter Verwendung der Beiträge anderer an der Planung fachlich Beteiligter

Aufstellen von Leistungsbeschreibungen mit Leistungsverzeichnissen nach Leistungsbereichen

Abstimmen und Koordinieren der Leistungsbeschreibungen der an der Planung fachlich Beteiligten

7. Mitwirkung bei der Vergabe

Zusammenstellen der Verdingungsunterlagen für alle Leistungsbereiche

Einholen von Angeboten

Prüfen und Werten der Angebote einschließlich Aufstellen eines Preisspiegels nach Einzelpositionen unter Mitwirkung aller während der Leistungsphasen 6 und 7 fachlich Beteiligten

Abstimmen und Zusammenstellen der Leistungen der fachlich Beteiligten, die an der Vergabe mitwirken

Verhandlung mit Bietern

Kostenanschlag nach DIN 276 aus Einheits- oder Pauschalpreisen der Angebote

Kostenkontrolle durch Vergleich des Kostenanschlags mit der Kostenberechnung

Mitwirken bei der Auftragserteilung

8. Objektüberwachung (Bauüberwachung)

Überwachen der Ausführung des Objekts auf Übereinstimmung mit der Baugenehmigung oder Zustimmung, den Ausführungsplänen und der Leistungsbeschreibung sowie mit den allgemein anerkannten Regeln der Technik und den einschlägigen Vorschriften

Überwachen der Ausführung von Tragwerken nach § 63 Abs. 1 Nr. 1 und 2 auf Übereinstimmung mit dem Standsicherheitsnachweis

Koordinieren der an der Objektüberwachung fachlich Beteiligten

Überwachung und Detailkorrektur von Fertigteilen

Aufstellen und Überwachen eines Zeitplanes (Balkendiagramm)

Führen eines Bautagebuches

Gemeinsames Aufmaß mit den bauausführenden Unternehmen

Abnahme der Bauleistungen unter Mitwirkung anderer an der Planung und Objektüberwachung fachlich Beteiligter unter Feststellung von Mängeln

Rechnungsprüfung

Kostenfeststellung nach DIN 276 oder nach dem wohnungsrechtlichen Berechnungsrecht

Antrag auf behördliche Abnahmen und Teilnahme daran

Übergabe des Objekts einschließlich Zusammenstellung und Übergabe der erforderlichen Unterlagen, zum Beispiel Bedienungsanleitungen, Prüfprotokolle

Auflisten der Gewährleistungsfristen

Überwachen der Beseitigung der bei der Abnahme der Bauleistungen festgestellten Mängel

Kostenkontrolle durch Überprüfen der Leistungsabrechnung der bauausführenden Unternehmen im Vergleich zu den Vertragspreisen und dem Kostenanschlag

9. Objektbetreuung und Dokumentation

Objektbegehung zur Mängelfeststellung vor Ablauf der Verjährungsfristen der Gewährleistungsansprüche gegenüber den bauausführenden Unternehmen

Überwachen der Beseitigung von Mängeln, die innerhalb der Verjährungsfristen der Gewährleistungsansprüche, längstens jedoch bis zum Ablauf von fünf Jahren seit Abnahme der Bauleistungen auftreten

Mitwirken bei der Freigabe von Sicherheitsleistungen

Systematische Zusammenstellung der zeichnerischen Darstellungen und rechnerischen Ergebnisse des Objekts

Dieser Auszug aus § 15 HOAI gilt nur nach Maßgabe des HOAI-Vertrages für Gebäude als Vertragsgrundlage.

Vollmacht zum HOAI-Vertrag

Auftraggeber
ggf. vertreten durch

Auftragnehmer
ggf. vertreten durch

Ich / Wir bevollmächtige(n) den / die Auftragnehmer bezüglich meines / unseres Vorhabens
- genaue Bezeichnung der Baumaßnahme -

Ort, Straße

Grundbuchbezeichnung

Eigentümer des Grundstücks

alle erforderlichen Aufklärungen zur Bebaubarkeit des Grundstücks anzustellen, insbesondere Verhandlungen mit den zuständigen Behörden und Stellen sowie den Nachbarn zu führen. Sind zur Abklärung bereits planerische Leistungen erforderlich, ist der Auftragnehmer in diesem Umfang beauftragt.

Ort, Datum

Unterschrift Auftraggeber

00/600/5302/01   W. KOHLHAMMER GMBH (01120)
Verlag für Architektur/Bauwesen

10.11 Ausführungspläne, Maßstab 1 : 50

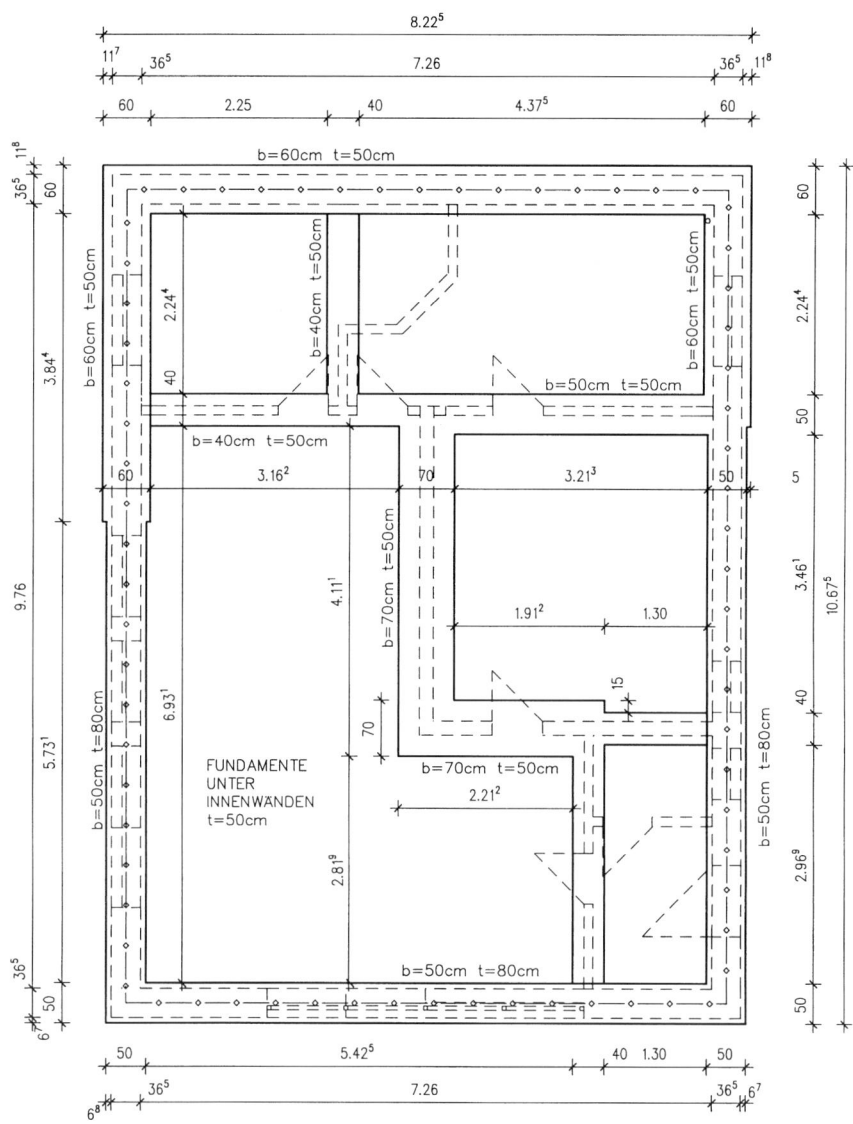

KLB SF2/IIa $\lambda_R = 0,16$

HLB SF6/IIa $\lambda_R = 0,44$

KS   SF8/IIa

ABSTÄNDE ZUR GRUNDSTÜCKSGRENZE
SIND VOM VERMESSER EINZUMESSEN.
MASSE SIND VOM ROHBAUER VOR
AUSFÜHRUNG ZU PRÜFEN.

Mehrfamilienhaus
Fundamentplan M 1:50m,cm

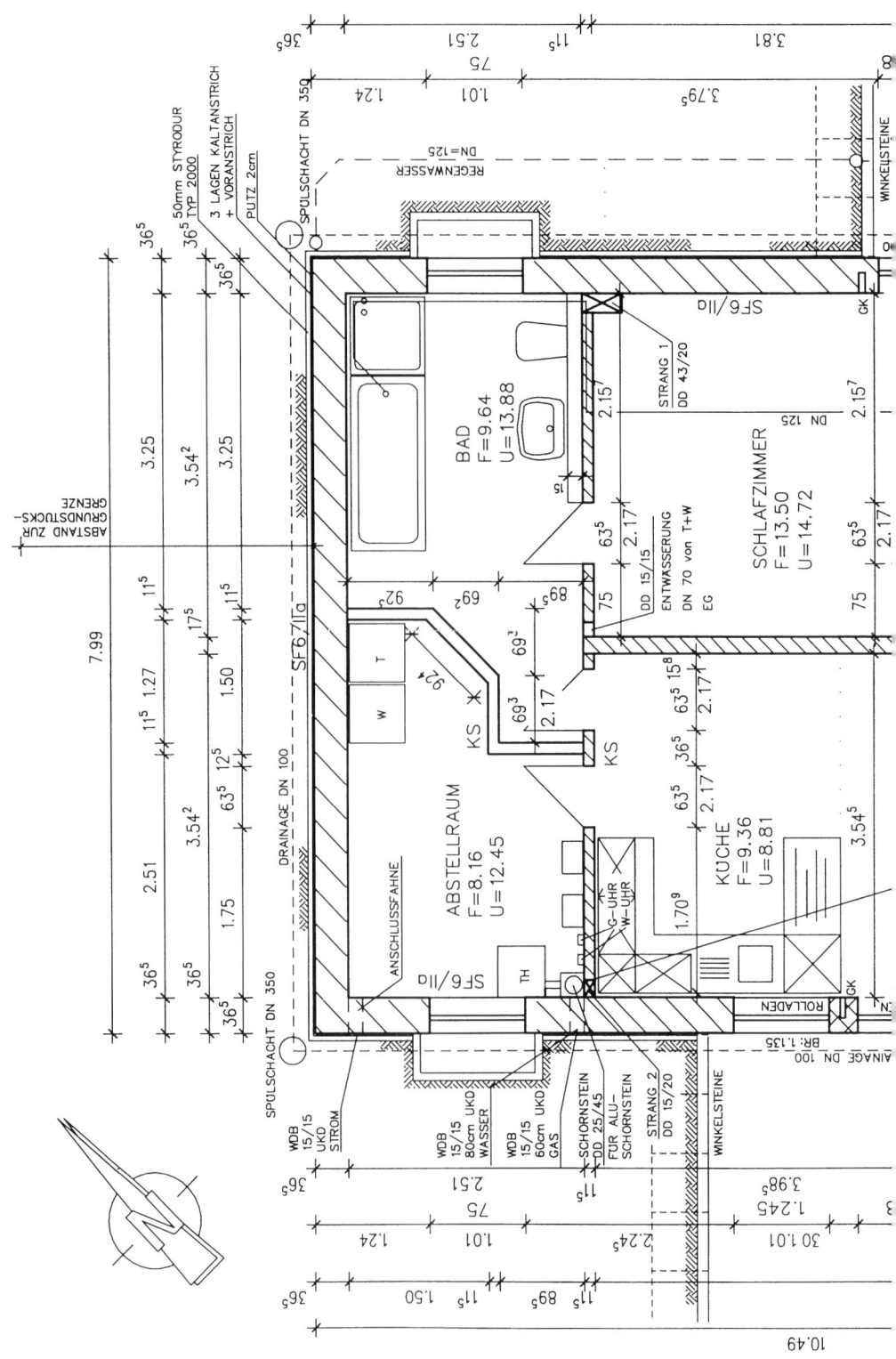

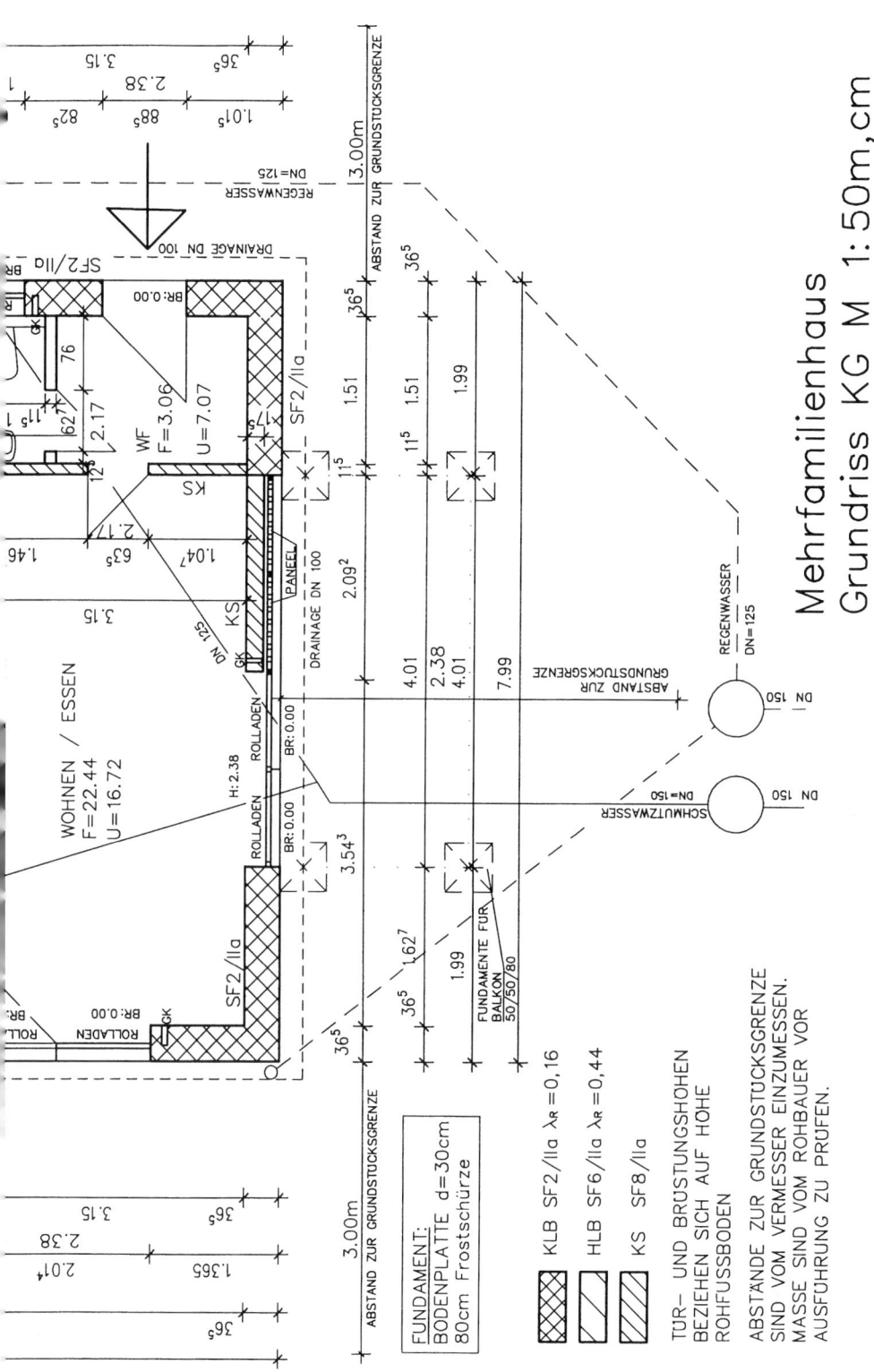

Mehrfamilienhaus
Grundriss KG M 1:50m,cm

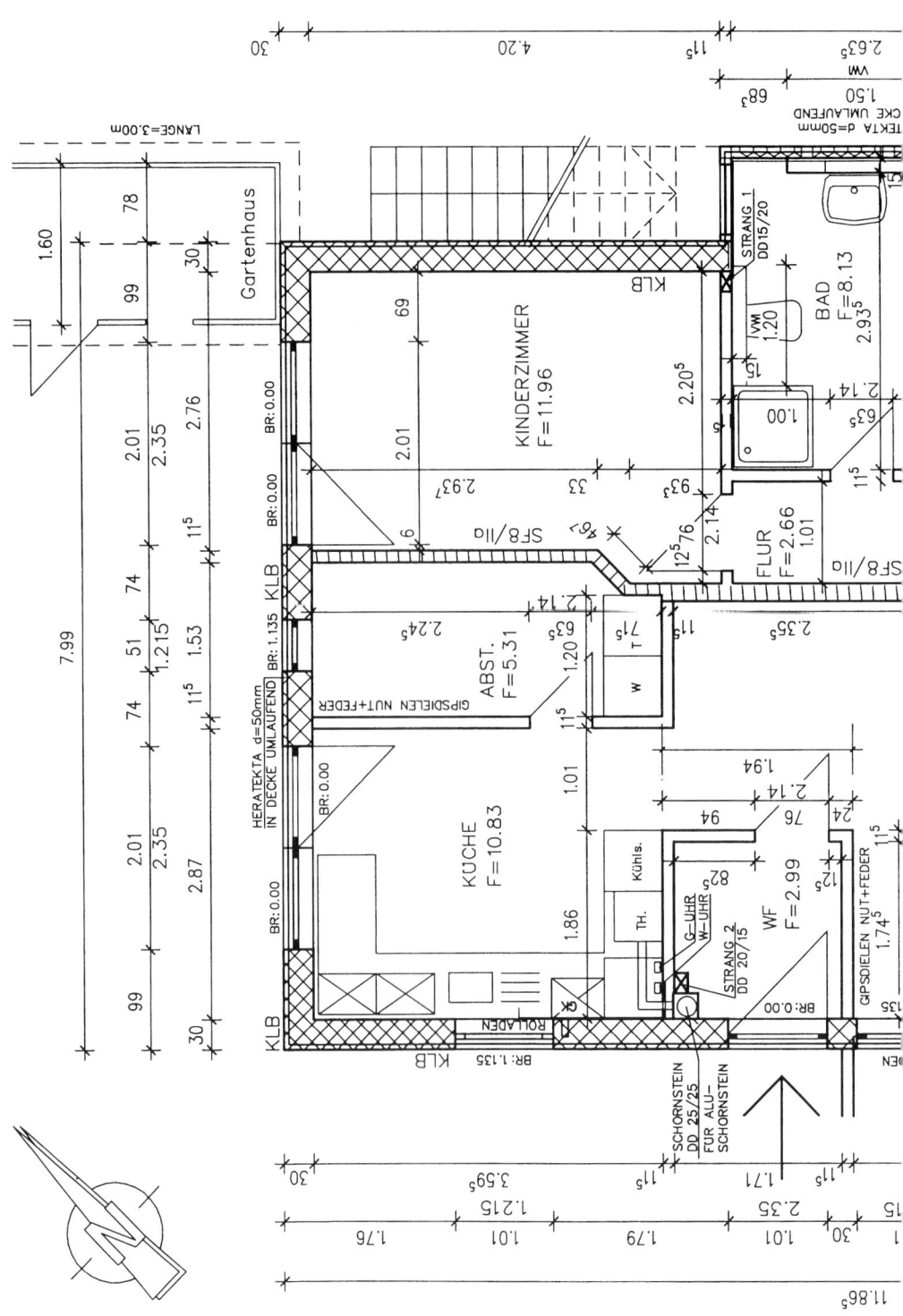

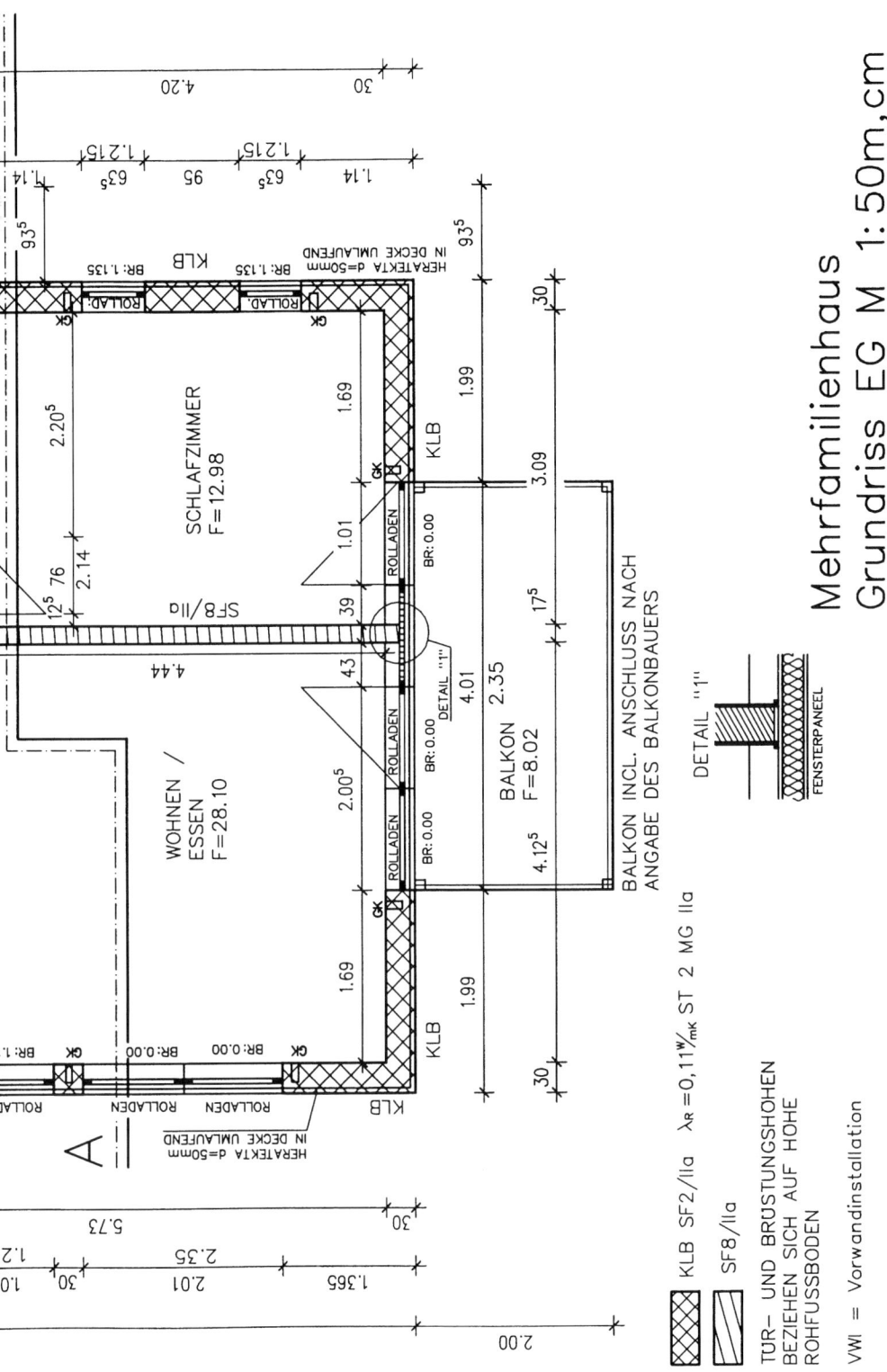

Mehrfamilienhaus
Grundriss EG M 1:50m,cm

SCHLAFZIMMER
F=12.98

WOHNEN /
ESSEN
F=28.10

SF8/IIa

BALKON
F=8.02

BALKON INCL. ANSCHLUSS NACH
ANGABE DES BALKONBAUERS

DETAIL "1"

FENSTERPANEEL

KLB SF2/IIa $\lambda_R = 0,11^{W}/_{mK}$ ST 2 MG IIa

SF8/IIa

TÜR- UND BRÜSTUNGSHÖHEN
BEZIEHEN SICH AUF HÖHE
ROHFUSSBODEN

VWI = Vorwandinstallation

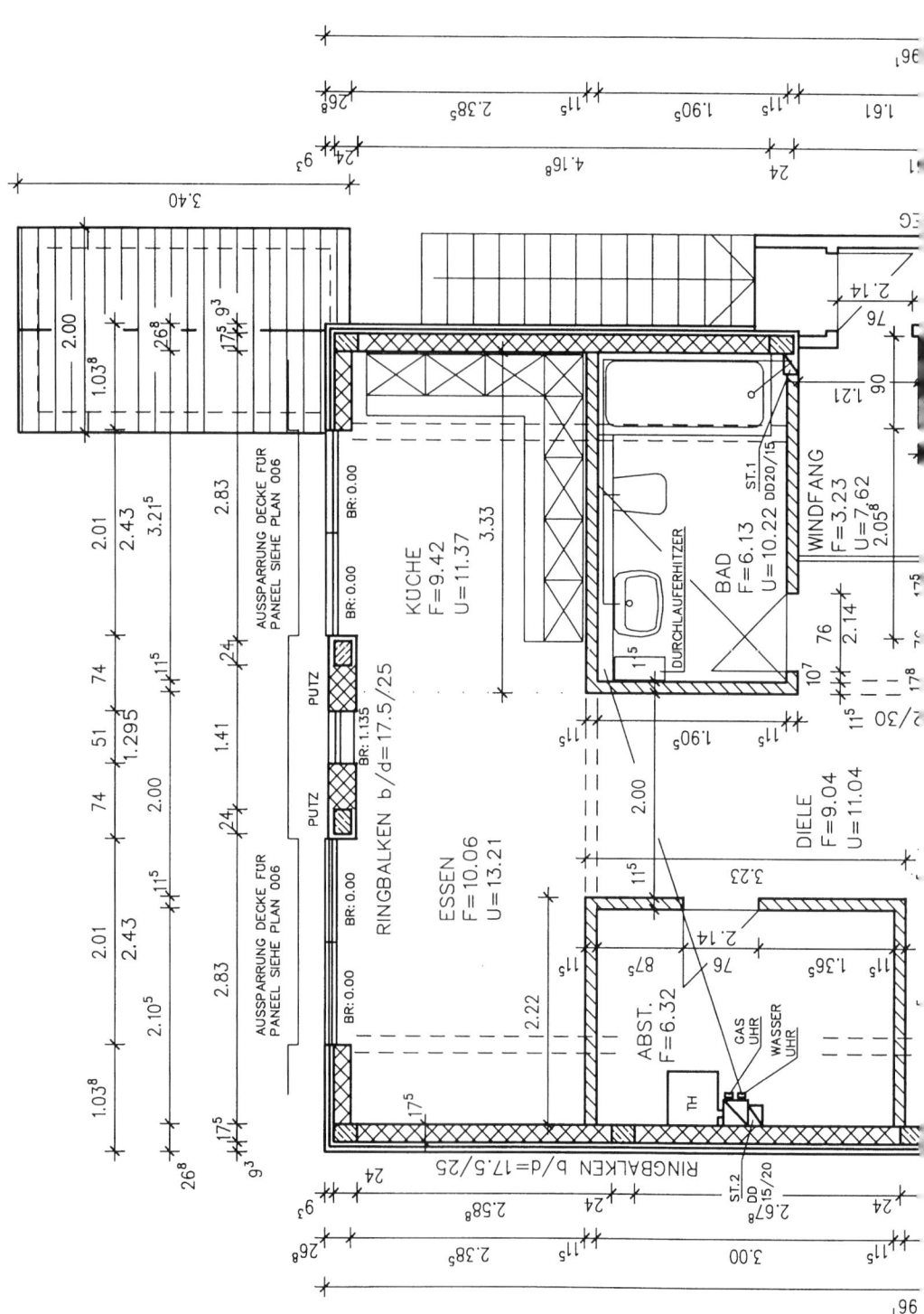

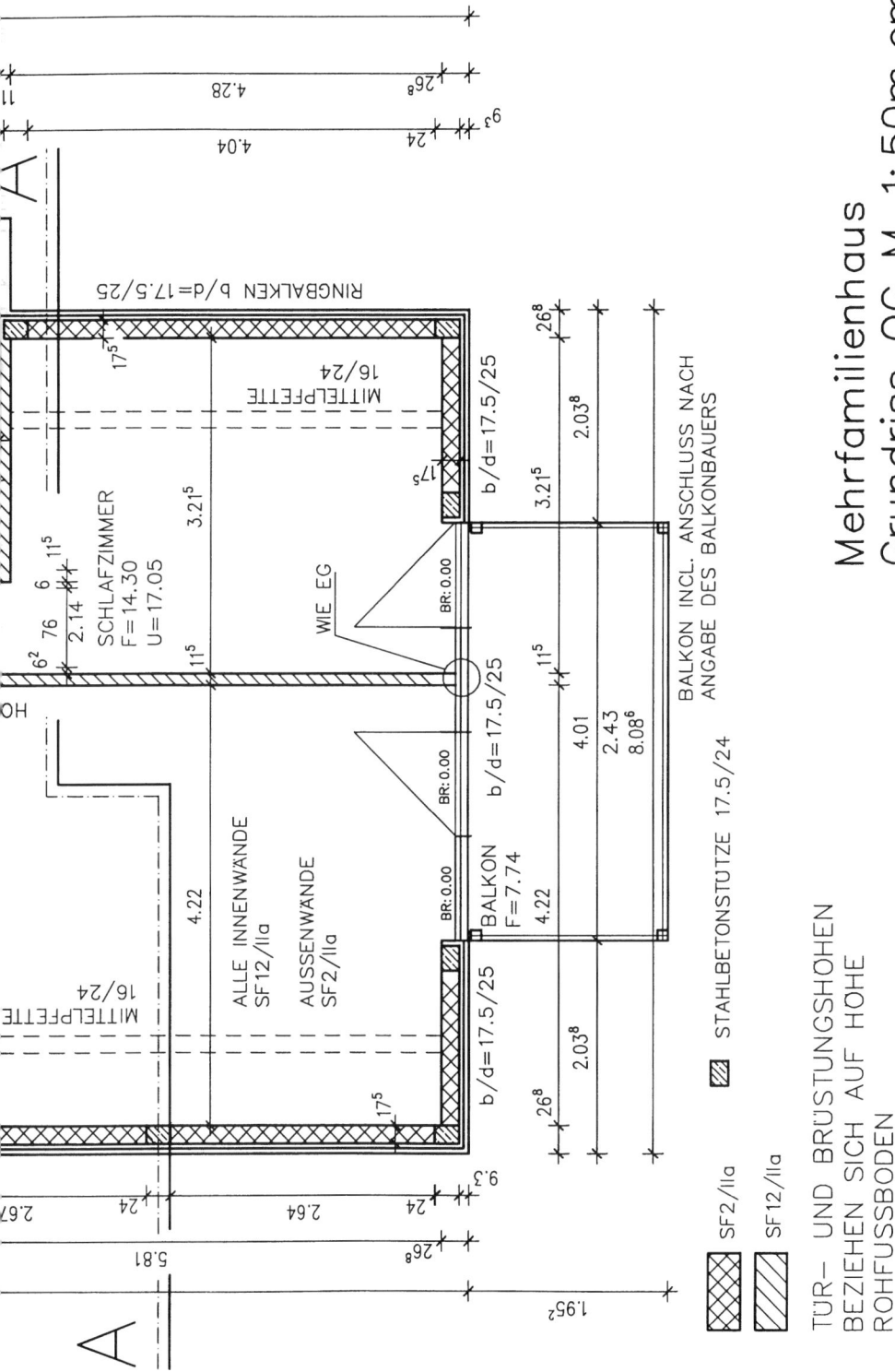

Mehrfamilienhaus
Grundriss OG M 1:50m,cm

TÜR– UND BRÜSTUNGSHÖHEN
BEZIEHEN SICH AUF HÖHE
ROHFUSSBODEN

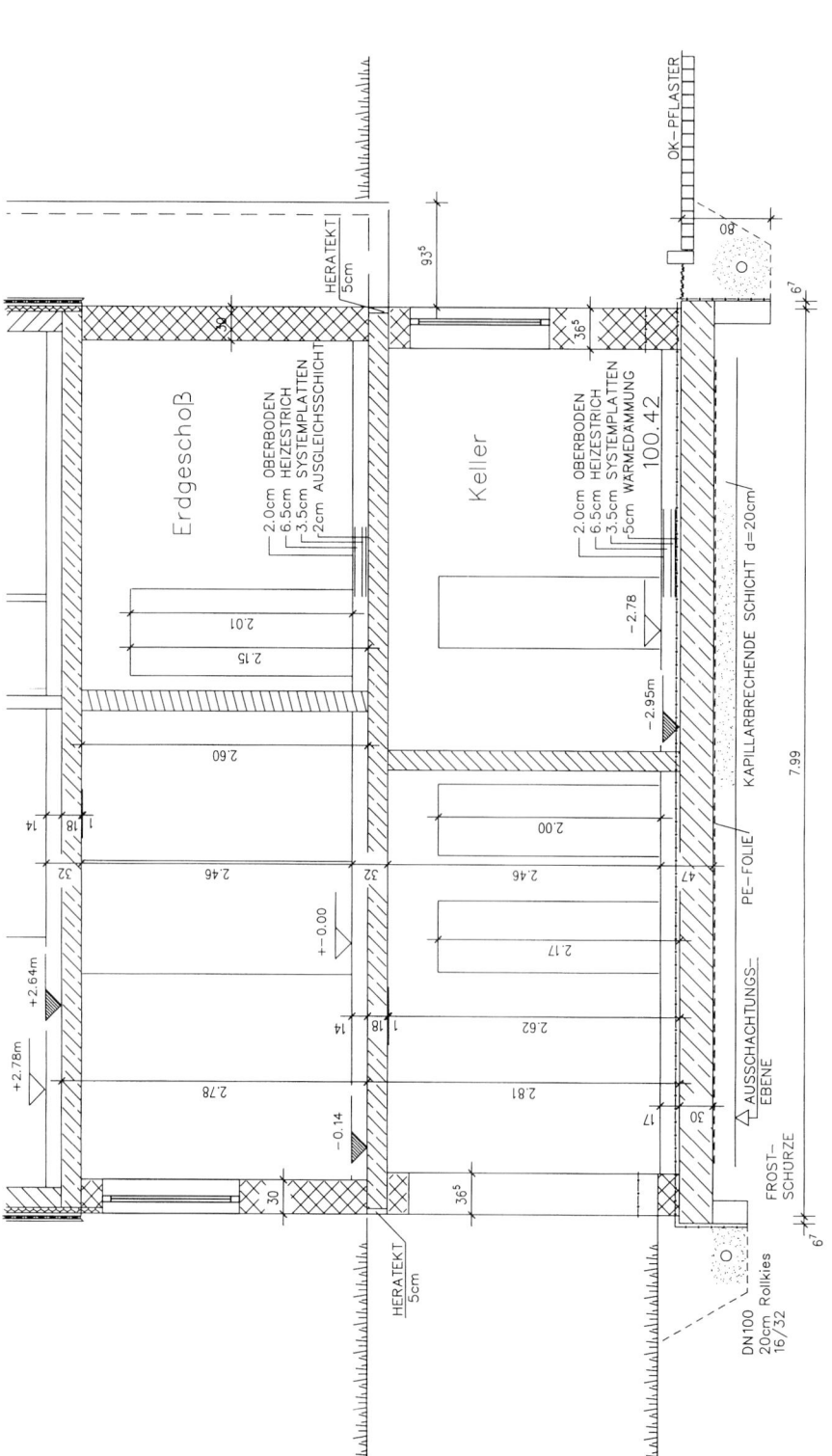

Mehrfamilienhaus
Schnitt M 1:50m,cm
KG + OG

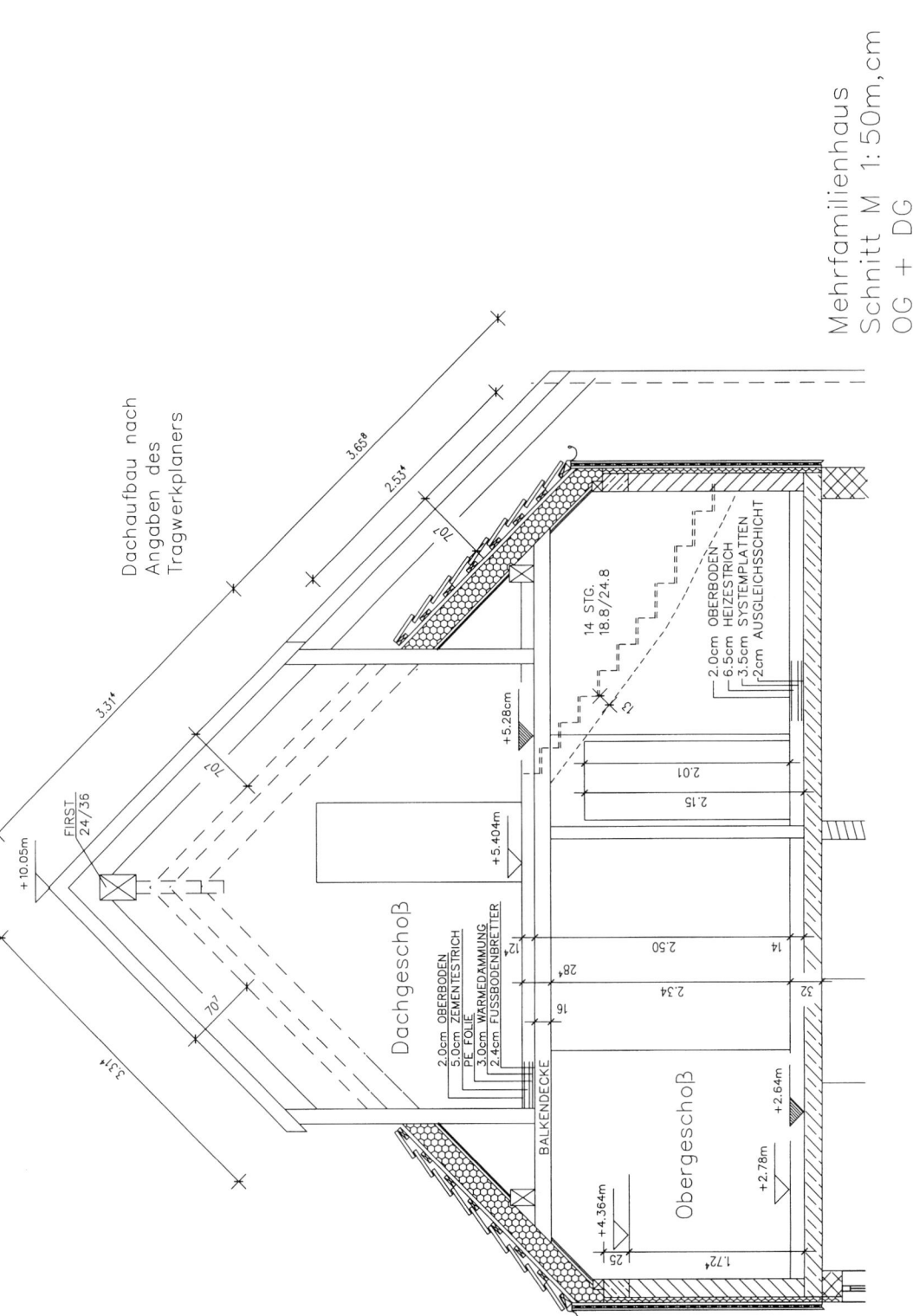

Mehrfamilienhaus
Schnitt M 1:50m,cm
OG + DG

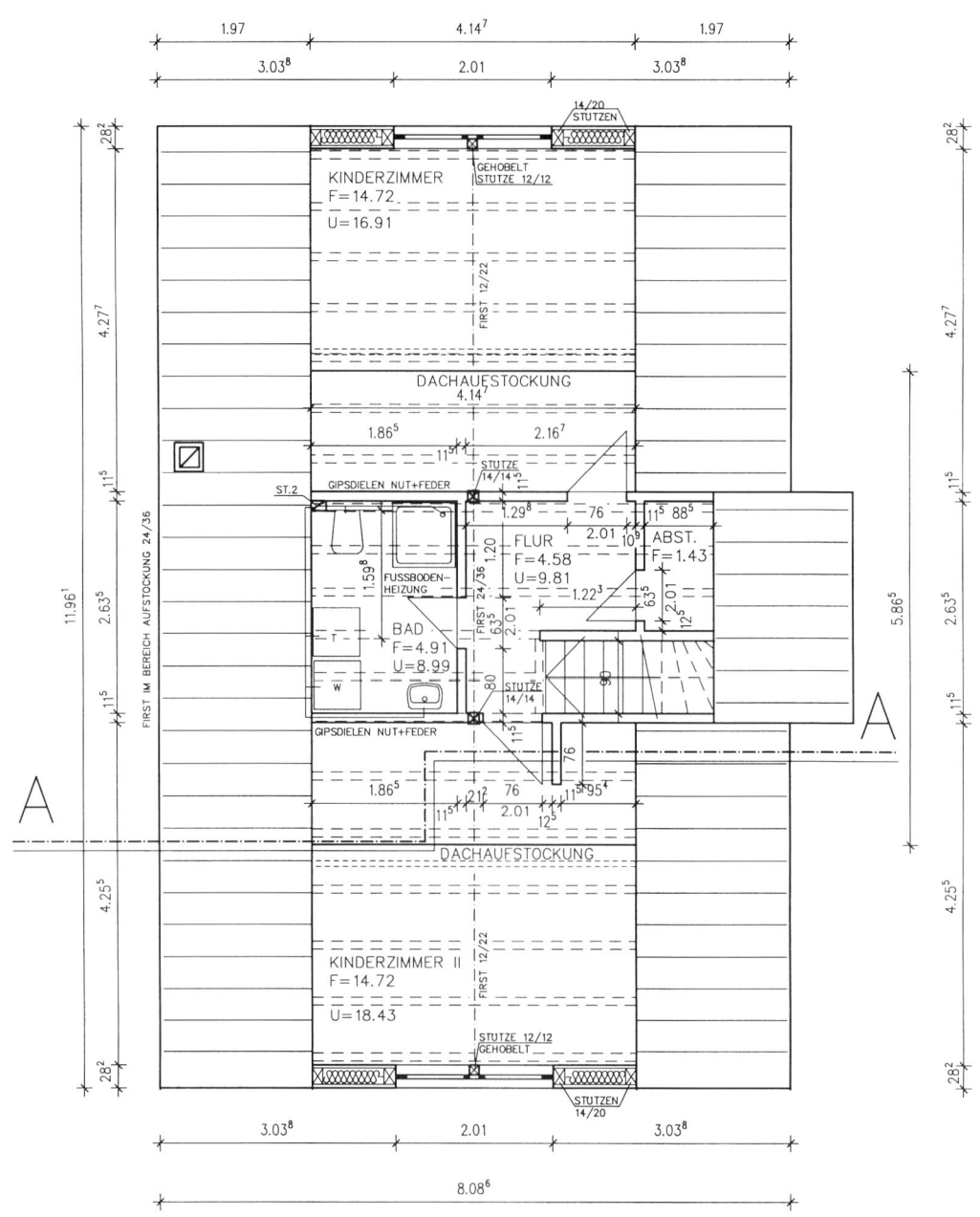

ALLE TÜREN IM DG:
HOLZTÜRZARGEN: FUTTER UND
               BEKLEIDUNG

TÜR– UND BRÜSTUNGSHÖHEN
BEZIEHEN SICH AUF HÖHE
FERTIGFUSSBODEN

Mehrfamilienhaus
Grundriss DG M 1:50m,cm

Literaturhinweise

BKI Baukosten 2002: Teil 1: Kostenkennwerte für Gebäude.
BKI Baukosteninformationszentrum (Hrsg.), Stuttgart BKI, 2002

Fassbender; Grauel; Keap; Ohmen; Peter: Notariatskunde, Rinteln:
Merkur-Verlag

Franke, Horst; Zauner, Christian; Höfler, Heiko; Kemper, Ralf:
Der sichere Bauvertrag – Praxishandbuch.
Köln: R. Müller, 2000

Gädtke; Böckenförde; Temme; Heintz: Landesbauordnung Nordrhein-Westfalen, Kommentar. Düsseldorf: Werner, 1998

Ingenstau; Korbion: Verdingungsordnung für Bauleistungen: VOB Teil A und
B, Kommentar. Düsseldorf: Werner, 1993

Löwenhauser: Planungs- und Bauorganisation für Architekten und
Ingenieure, Haufe-Orga-Handbuch. Freiburg: Haufe-Verlag 1993

Pott; Dahlhoff; Kniffka: HOAI Honorarordnung für Architekten und
Ingenieure, Kommentar. Köln: R. Müller, 1996

Steinfort, Frank: Baugesetzbuch für Planer. Köln: R. Müller, 1998

VOB Verdingungsordnung für Bauleistungen, Ausgabe 2000. Hrsg. DIN,
Deutsches Institut für Normung e.V. – Berlin, Wien, Zürich: Beuth.

Welter, Richard; Richelmann, Dirk: Landesbauordnung NRW im Bild.
Köln: R. Müller, 2000

Stichwortverzeichnis